超高压输变电工程
前期工作管理手册

国网上海市电力公司工程建设咨询分公司　编

中国电力出版社
CHINA ELECTRIC POWER PRESS

内 容 提 要

本书融合了详实的工程建设实践经验和专业知识，系统地阐述了工程前期的各个关键环节，共包括五章内容，分别为依法建设 工程前期主要审批事项、高质量发展 工程前期新形势、工程前期 数智化背景、智慧前期 数智化建设历程、智慧前期 数智化关键技术及展望，全面覆盖了从项目前期到工程前期的各个阶段。本书详细介绍了审批事项、流程、审查要点，并配有案例分析和法规依据，确保内容的权威性和实用性。本书适合电网工程前期专业人员及相关人员阅读。

图书在版编目（CIP）数据

超高压输变电工程前期工作管理手册 / 国网上海市电力公司工程建设咨询分公司编. -- 北京：中国电力出版社，2025. 5. -- ISBN 978-7-5198-9943-1

Ⅰ. TM7-62；TM63-62

中国国家版本馆 CIP 数据核字第 2025CQ8089 号

出版发行：中国电力出版社
地　　址：北京市东城区北京站西街 19 号（邮政编码 100005）
网　　址：http://www.cepp.sgcc.com.cn
责任编辑：周秋慧（010-63412627）
责任校对：黄　蓓　王小鹏
装帧设计：赵丽媛
责任印制：石　雷

印　　刷：北京雁林吉兆印刷有限公司
版　　次：2025 年 5 月第一版
印　　次：2025 年 5 月北京第一次印刷
开　　本：710 毫米×1000 毫米　16 开本
印　　张：13　插　页 2
字　　数：235 千字
定　　价：80.00 元

编　写　组

主　编　　陶　勇

副 主 编　　龚波涛　　朱琦锋　　季彤天　　陈树藩

编写人员　　唐易民　　茹天云　　张　皓　　王晓锋　　施红军
　　　　　　徐　坤　　李海南　　蒋寒羽　　忻渊中　　林　辉
　　　　　　齐秉柱　　赵文渊　　陈险峰　　陈　星　　蒋声婴
　　　　　　周　俊　　金珊珊　　蒋　婷　　陈　群　　胡佳宸
　　　　　　张　雷　　潘　瑾　　伍　俊　　邱　昕　　孙建明
　　　　　　许永芳　　柏　杨　　徐永铭　　张　峥　　郭松林
　　　　　　倪　玮　　秦　伟　　周筱晟　　车家杰　　张　猷
　　　　　　夏严峰　　孙　波　　叶　涛　　杜家振　　黄　昊
　　　　　　卢　晨　　张润坤　　罗　瑾　　潘梦媛　　赵　婷
　　　　　　杨冠群　　曹琦瑄　　周心悦　　宋美琴

前　言

　　随着城市化进程的加快和可持续发展战略的深入实施，输变电工程前期工作的价值和重要性日益凸显。它不仅是确保工程合法合规建设的基础，更是推动高质量发展的关键环节。在此背景下，《超高压输变电工程前期工作管理手册》应时而生，旨在为电网工程前期管理人员提供专业、实用的参考与指导。

　　本书融合了丰富的工程建设实践经验和专业知识，系统地阐述了工程前期的各个关键环节，包括依法建设、高质量发展、数字化转型等，全面覆盖了从项目前期到工程前期的各个阶段。本书详细介绍了审批事项、流程、审查要点，并配有案例分析和法规依据，确保内容的权威性和实用性。

　　本书深入探讨了工程前期工作的核心难点和关键点，如土地权属调查、设计方案征询、施工图审图等，为前期管理人员提供详尽的操作指导和解决方案。同时，本书也强调了在数字化时代下，政府行政许可的新要求和举措，为前期工作人员提供应对策略。

　　本书是一本为工程前期专业管理人员编写的实用手册。它不仅帮助读者理解和掌握工程前期工作的各项要求和流程，还提供了详实的解析和经验分享，能够更好地辅助工程前期实际工作。书中包含了大量的法律条文阐释、图表和样张，便于读者在实际操作中快速查找和应用。

　　随着工程前期工作的深化和创新，本书将成为管理人员的得力助手，帮助他们在工程前期工作中取得更大的成就。

编者

2025 年 3 月

目　　录

上篇

依法合规　开创工程前期新局面

第一章 依法建设 工程前期主要审批事项

第一节 概　　述

《国家电网公司基建项目管理规定》中指出"项目管理是以项目建设进度管理为主线，通过计划、组织、控制与协调，有序推动工程依法合规建设，全面实现项目建设目标的过程。主要管理内容包括进度计划管理、建设协调、参建队伍选择及合同履约管理、信息与档案管理、总结评价等。"

工程建设全过程管理划分为四个阶段，分别是项目前期、工程前期、工程建设与总结评价。其中，项目管理的前期工作主要涵盖项目前期和工程前期。

项目前期阶段包括了从可研到核准的工作，含立项、选址、选线、可行性研究、土地预审、项目核准批复等内容，主要由发展部门负责完成。该阶段为电网工程建设过程中周期较长、内容较多、协调工作量较大的一个阶段。

工程前期阶段主要是指从电网工程项目办理完选址选线方案审批、用地预审、环境影响评价审批、水土保持方案审批等程序并取得项目核准批复文件时起，至电网工程项目取得建设工程施工许可时止的期间。

工程前期阶段涉及的工作相对繁杂，其主要工作包括使用林地、使用绿化、建设用地审批、土地划拨决定书、建设用地规划许可、建设工程规划许可、消防设施审核或备案、征收与拆迁安置补偿、"四通一平"、施工许可及其他有关审批事项的内容。

工程前期为电网工程项目建设过程中工作内容繁杂、周期较长、涉及法律法规及规范性文件范围较广的一个工作阶段。鉴于工程前期工作内容较多，涉及的相关主管部门也较多，且可能涉及从中央到地方多个层级，相关审批事项均需占用一定工作周期；同时，如牵涉现场探勘查验的工作，则需更长的周期。该阶段涉及的法律法规及规范性文件范围较广。从涉及的法律法规及规范性文件的层级而言，主要涉及国家、各级地方政府不同层级的法律法规及规范性文件。

工程前期阶段是主要解决电网工程项目用地及建设手续合法性的阶段，是电网工程项目建设的基础阶段，对电网工程项目的后续建设及投入运行等具有重要意义。

第二节　前期证照办理（变电站工程）

变电工程前期业务流程图见书末插页图 1-1 所示。

一、建设项目土地权属调查边界确认（如需）

1. 申请材料

（1）工程建设项目土地权属调查边界确认申请表。

（2）边界确认申请范围图。

2. 审查要点

（1）建议包含图层 BJ—地上空间边界范围线、BJ—边界范围线、BJ—地下空间边界范围线、BJ—带征地用地边界范围线、BJ—临时用地边界范围线，且文件大小不超过 5MB。

（2）外网边界数据质检功能包含数据有效性检查、数据范围正确性检查、面闭合检查、面重叠检查、不规则面检查、面自相交检查、构面线型。

3. 法律、条例依据

（1）《国务院办公厅关于开展工程建设项目审批制度改革试点的通知》（国办发〔2018〕33 号）第十一款规定：转变管理方式。对于能够用征求相关部门意见方式替代的审批事项，调整为政府内部协作事项。

（2）《上海市工程建设项目规划资源审批制度改革工作方案》（沪规划资源建〔2020〕17 号）适用范围规定：（三）事项全覆盖技术服务事项包括提供基础要素底版、土地权属调查、建设项目地质灾害危险性评估、设计方案提前咨询服务、档案归集、竣工验收提前咨询服务等。四、推进"多审合一、多证合一"，再造审批流程（七）合并审批事项。1.合并规划选址和用地预审。土地储备项目和划拨土地项目，办理规划土地意见书之前应明确建设用地边界范围、完成土地权属调查，在规划土地意见书审批中对建设用地范围予以确定。

二、设计方案征询

1. 申请材料

（1）上海市设计方案征询（行政协助）申请表。

（2）建设项目立项（核准）文件。

1）地形图。

2）建设项目设计方案总平面图（1/500 或 1/1000）。

3）建筑设计方案文本。

4）职业病危害放射防护预评价报告。

5）绿化分析图。

6）道路管线综合规划横断面图。

7）消防设计说明。

8）消防分析总平面图（附设计说明）。

9）防火分区平面图。

10）消防给水总平面图。

2. 审查要点

（1）地形图注意要点：①中心城 1/500 或 1/1000，郊区 1/2000；②采用上海地方坐标系，原点（0，0）坐标点未进行移动、底图旋转、比例缩放；③由勘察测绘部门出具的原图，并用红线勾勒项目基地情况。前期办理过选址阶段审核的，不需再次提交。

（2）建筑设计方案文本注意要点：含效果图、设计说明、分析图等，不包括建筑设计方案总平面图、单体图纸。加盖设计单位出图章或电子签章。由取得国家或市发展改革部门及建设行政部门审批资质的咨询或设计单位编制，有编制单位公章或设计出图章。

3. 法律、条例依据

（1）《国务院办公厅关于开展工程建设项目审批制度改革试点的通知》（国办发〔2018〕33 号）第十一款规定：转变管理方式。对于能够用征求相关部门意见方式替代的审批事项，调整为政府内部协作事项。

（2）《上海市工程建设项目审批制度改革试点实施方案》（沪府规〔2018〕14号）第五款重点举措中规定：（一）2.加速项目生成实施。规划国土资源部门会同发展改革部门牵头协调做好项目规划、土地利用和资金的统筹平衡，指导建设单位落实项目建设条件。各部门在多规合一业务协同平台上提供的会商意见、联审意见可视作正式意见，作为后续项目审批的依据。（三）4.转变管理方式。对于能够用征求相关部门意见方式替代的审批事项，调整为政府内部协作事项。所有工程建设项目设计方案由规划土地管理部门负责审批，交警、交通、绿化市容等其他部门不再对设计方案进行单独审批。

（3）《上海市工程建设项目规划设计条件征询和设计方案征询行政协助工作规程》（沪编〔2018〕611 号）第四条规定：项目纳入实施库进行深化研究策划生

成，可开展规划设计条件征询和设计方案征询的行政协助。工程建设许可阶段，可开展建设工程规划设计方案征询的行政协助。

三、设计方案批文

项目取得初设批复后，开展设计方案征询工作，主要征询部门有：规划、卫生、绿化、交通、民防、水务、轨道交通等。设计方案现场公示无意见反馈后，向规资部门申请办理建设工程设计方案的批文。

1. 申请材料

（1）上海市建设工程设计方案（新办）申请表。

（2）建设项目建设单位承诺书。

（3）建设项目设计单位承诺书。

（4）项目立项（核准）文件。

（5）建筑面积汇总表、建筑物建筑分层面积表。

（6）拟建项目因穿越城市道路、公路、铁路、地下铁道、民防设施、河道、绿（林）地，或者涉及消防安全、净空控制、树（林）木保护等特殊性需要提交的相关材料。

（7）方案落图文件。

（8）建设项目地形图（划示建设项目总平面）。

（9）建设项目总平面图。

（10）建设工程设计方案文本。

（11）设计方案公示图。

（12）文物部门方案批准文件。

（13）设计方案行政协助部门要求的材料。

（14）建设项目规划土地意见书。

2. 审查要点

（1）建设项目应当符合经批准的控制性详细规划、专项规划或者村庄规划。

（2）建设项目应当符合规划管理技术规范和标准的要求。

（3）设计方案公示是否有投诉反馈意见，建筑物及围墙的退界是否满足城市规划要求。涉及征询部门提出的图纸修改要求需在施工图阶段进行深化。

（4）在历史文化风貌区内进行建设活动，还应当符合历史文化风貌区保护规划。

（5）建设项目应当符合建设项目规划土地意见书或《国有土地使用权出让（转

让）合同》的内容。

（6）建设项目应当符合各并联审批部门的审理意见。

3. 法律、条例依据

（1）《中华人民共和国城乡规划法》（2019 年 4 月修正）第四十条规定：申请办理建设工程规划许可证，应当提交使用土地的有关证明文件、建设工程设计方案等材料。

（2）《上海市城乡规划条例》（2018 年 12 月修正）第三十五条规定：申请办理建设工程规划许可证，应当提交使用土地的有关证明文件、建设工程设计方案等材料；规划行政管理部门应当在三十个工作日内提出建设工程设计方案审核意见。经审定的建设工程设计方案的总平面图，规划行政管理部门应当予以公布。

（3）其他。《上海市人民政府关于印发〈上海市工程建设项目审批制度改革试点实施方案〉的通知》（沪府规〔2018〕14 号）和上海市工程建设项目审批制度改革工作领导小组关于印发《上海市企业投资工程建设项目审批制度改革试点实施细则》的通知（沪建审改〔2018〕2 号）中规定：建设工程设计方案审核时限为 20 个工作日（设计方案公示、市政府审定，以及涉及风貌保护、基础设施保护、安全保护等特定论证的，相关时间不计入审批时间）。建设工程设计方案批复有效期延长至 1 年。

四、深基坑工程设计方案论证（地下变电站）

1. 申请材料

（1）规划设计方案批文、建设工程规划许可证。

（2）深基坑工程设计方案。

（3）地质详勘报告。

（4）周边房屋检测报告。

（5）建设单位委托函。

2. 审查要点

（1）根据建筑工程的特点制定相应的安全技术措施。

（2）达到一定危险性较大的分部分项工程编制专项施工方案，并附具安全验算结果。

（3）施工前，单独编制安全专项施工方案。

3. 法律、条例依据

（1）《中华人民共和国建筑法》（2019 年 4 月修正）第三十八条规定：建筑施

工企业在编制施工组织设计时，应当根据建筑工程的特点制定相应的安全技术措施；对专业性较强的工程项目，应当编制专项安全施工组织设计，并采取安全技术措施。

（2）《建设工程安全生产管理条例》（2004年2月施行）第二十六条规定：施工单位应当在施工组织设计中编制安全技术措施和施工现场临时用电方案，对下列达到一定规模的危险性较大的分部分项工程编制专项施工方案，并附具安全验算结果，经施工单位技术负责人、总监理工程师签字后实施，由专职安全生产管理人员进行现场监督：（一）基坑支护与降水工程；（二）土方开挖工程；（三）模板工程；（四）起重吊装工程；（五）脚手架工程；（六）拆除、爆破工程；（七）国务院建设行政主管部门或者其他有关部门规定的其他危险性较大的工程。对前款所列工程中涉及深基坑、地下暗挖工程、高大模板工程的专项施工方案，施工单位还应当组织专家进行论证、审查。本条第一款规定的达到一定规模的危险性较大工程的标准，由国务院建设行政主管部门会同国务院其他有关部门制定。

（3）《危险性较大工程安全专项施工方案编制及专家论证审查办法》（2004年12月施行）第三条规定：危险性较大工程是指依据《建设工程安全生产管理条例》第二十六条所指的七项分部分项工程，并应当在施工前单独编制安全专项施工方案。（一）基坑支护与降水工程，基坑支护工程是指开挖深度超过5m（含5m）的基坑（槽）并采用支护结构施工的工程；或基坑虽未超过5m，但地质条件和周围环境复杂、地下水位在坑底以上等工程。第五条规定：建筑施工企业应当组织专家组进行论证审查的工程。（一）深基坑工程，开挖深度超过5m（含5m）或地下室三层以上（含三层），或深度虽未超过5m（含5m），但地质条件和周围环境及地下管线极其复杂的工程。

五、拟征地公告

涉及农用地土地，需在涉及的耕地范围内进行拟定征地的公告，以向社会告知，此耕地范围将被征收转为建设用地。

1. 申请材料

（1）项目立项（核准）文件。

（2）规划土地意见书。

（3）土地勘测定界报告。

（4）控制性规划文件。

2. **审查要点**

（1）征收土地的范围。

（2）征地补偿费补偿标准、支付对象。

3. **法律、条例依据**

《中华人民共和国土地管理法》（2019 年 8 月修正）第四十七条规定：国家征收土地的，依照法定程序批准后，由县级以上地方人民政府予以公告并组织实施。县级以上地方人民政府拟申请征收土地的，应当开展拟征收土地现状调查和社会稳定风险评估，并将征收范围、土地现状、征收目的、补偿标准、安置方式和社会保障等在拟征收土地所在的乡（镇）和村、村民小组范围内公告至少三十日，听取被征地的农村集体经济组织及其成员、村民委员会和其他利害关系人的意见。多数被征地的农村集体经济组织成员认为征地补偿安置方案不符合法律法规规定的，县级以上地方人民政府应当组织召开听证会，并根据法律法规的规定和听证会情况修改方案。拟征收土地的所有权人、使用权人应当在公告规定期限内，持不动产权属证明材料办理补偿登记。县级以上地方人民政府应当组织有关部门测算并落实有关费用，保证足额到位，与拟征收土地的所有权人、使用权人就补偿、安置等签订协议；个别确实难以达成协议的，应当在申请征收土地时如实说明。相关前期工作完成后，县级以上地方人民政府方可申请征收土地。

六、征地补偿安置方案公告

对征收土地范围内的构建筑物进行拆除及就业保障补偿方案的公告，公开透明信息。

1. **申请材料**

（1）项目立项（核准）文件。

（2）规划土地意见书。

（3）土地勘测定界报告。

（4）控制性规划文件。

（5）征地补偿清单。

2. **审查要点**

（1）征地补偿费补偿标准、支付对象。

（2）被征地农民安置方案。

3. **法律、条例依据**

（1）《中华人民共和国土地管理法》（2019 年 8 月修正）第四十八条规定：征

收土地应当给予公平、合理的补偿，保障被征地农民原有生活水平不降低、长远生计有保障。征收土地应当依法及时足额支付土地补偿费、安置补助费，以及农村村民住宅、其他地上附着物和青苗等的补偿费用，并安排被征地农民的社会保障费用。征收农用地的土地补偿费、安置补助费标准由省、自治区、直辖市通过制定公布区片综合地价确定。制定区片综合地价应当综合考虑土地原用途、土地资源条件、土地产值、土地区位、土地供求关系、人口及经济社会发展水平等因素，并至少每三年调整或者重新公布一次。征收农用地以外的其他土地、地上附着物和青苗等的补偿标准，由省、自治区、直辖市制定。对其中的农村村民住宅，应当按照先补偿后搬迁、居住条件有改善的原则，尊重农村村民意愿，采取重新安排宅基地建房、提供安置房或者货币补偿等方式给予公平、合理的补偿，并对因征收造成的搬迁、临时安置等费用予以补偿，保障农村村民居住的权利和合法的住房财产权益。县级以上地方人民政府应当将被征地农民纳入相应的养老等社会保障体系。被征地农民的社会保障费用主要用于符合条件的被征地农民的养老保险等社会保险缴费补贴。被征地农民社会保障费用的筹集、管理和使用办法，由省、自治区、直辖市制定。

（2）《上海市实施〈中华人民共和国土地管理法〉办法》（2024年1月修订）第十七条规定：市人民政府应当综合考虑土地原用途、土地资源条件、土地产值、土地区位、土地供求关系、人口和经济社会发展水平等因素制定区片综合地价，确定征收土地的土地补偿费、安置补助费标准，并至少每三年调整或者重新公布一次。农村村民住宅、其他地上附着物和青苗等的补偿标准，由本市人民政府制定。市、区人民政府应当将被征地农民纳入相应的养老、医疗等社会保障体系。社会保障费用主要用于符合条件的被征地农民的养老、医疗保险等社会保险缴费补贴。被征地农民社会保障费用的筹集、管理和使用，按照本市有关规定执行。

七、农批次文

新建变电站站址范围为农用地，需办理征地手续，将土地属性由农用地变为建设用地，取得农用地转用和征收集体土地批文（简称农批次文）。

1. 申请材料

（1）行政事务审批申请表。

（2）关于申请建设项目农用地转用、征地的请示。

（3）建设用地申请表。

（4）产权登记信息调查情况（丘调+产调）。

（5）项目立项（核准）文件。

（6）可行性研究报告批复。

（7）核发规划土地意见书的通知。

（8）规划土地意见书及附图。

（9）规划批准文件：控规批复及附图（图上需标注地块范围）（郊野地区提供郊野单元规划、专项规划需提供首页、目录页、相关内容页）。

（10）开垦费缴纳凭证（第四联）。

（11）土地权属调查报告书。

（12）上海市地籍图。

（13）土地利用总体规划和城乡规划的首页、目录页、相关内容页。

（14）建设单位营业执照或法人代码证。

（15）法人委托书。

（16）被委托人身份证件。

（17）拟征地告知书。

（18）上海市拟征地实施受理登记表。

（19）集体土地补偿安置协议、征地补偿支付协议（涉及征收集体土地房屋的）。

（20）提供劳动力安置涉及的区政府批复、镇政府请示和劳动力安置协议。

（21）征收中心出具的征房情况说明（或镇政府出具的无房证明）。

（22）落实有关费用材料（若已结案，提供社保证明、转账凭证）。

（23）社会稳定风险评估报告。

（24）征地相关各类公告（征地、征房、劳动力安置）。

（25）听证材料（无听证情况说明）。

（26）财务登记材料。

（27）撤队申请表（需要撤队的）。

（28）永久基本农田补划方案（涉及永农项目）。

（29）市政府或市发改委批准文件及重大项目清单（涉及重大项目）。

（30）林地许可文件或征询意见（涉及占林项目）。

（31）项目初步设计批复（涉及单独选址需提供）。

（32）地质灾害评估报告（涉及单独选址需提供）。

2. 审查要点

农批次文办理前需完成支付开垦费，办结后 30 天内需完成支付耕地占用税。

3. 法律、条例依据

《中华人民共和国土地管理法》（2019 年 8 月修正）第四十四条规定：建设占用土地，涉及农用地转为建设用地的，应当办理农用地转用审批手续。永久基本农田转为建设用地的，由国务院批准。在土地利用总体规划确定的城市和村庄、集镇建设用地规模范围内，为实施该规划而将永久基本农田以外的农用地转为建设用地的，按土地利用年度计划分批次按照国务院规定由原批准土地利用总体规划的机关或者其授权的机关批准。在已批准的农用地转用范围内，具体建设项目用地可以由市、县人民政府批准。在土地利用总体规划确定的城市和村庄、集镇建设用地规模范围外，将永久基本农田以外的农用地转为建设用地的，由国务院或者国务院授权的省、自治区、直辖市人民政府批准。

第四十五条规定：为了公共利益的需要，有下列情形之一，确需征收农民集体所有的土地的，可以依法实施征收：（一）军事和外交需要用地的；（二）由政府组织实施的能源、交通、水利、通信、邮政等基础设施建设需要用地的；（三）由政府组织实施的科技、教育、文化、卫生、体育、生态环境和资源保护、防灾减灾、文物保护、社区综合服务、社会福利、市政公用、优抚安置、英烈保护等公共事业需要用地的；（四）由政府组织实施的扶贫搬迁、保障性安居工程建设需要用地的；（五）在土地利用总体规划确定的城镇建设用地范围内，经省级以上人民政府批准由县级以上地方人民政府组织实施的成片开发建设需要用地的；（六）法律规定为公共利益需要可以征收农民集体所有的土地的其他情形。前款规定的建设活动，应当符合国民经济和社会发展规划、土地利用总体规划、城乡规划和专项规划；第（四）项、第（五）项规定的建设活动，还应当纳入国民经济和社会发展年度计划；第（五）项规定的成片开发并应当符合国务院自然资源主管部门规定的标准。

第四十六条规定：征收下列土地的，由国务院批准：（一）永久基本农田；（二）永久基本农田以外的耕地超过三十五公顷的；（三）其他土地超过七十公顷的。征收前款规定以外的土地的，由省、自治区、直辖市人民政府批准。征收农用地的，应当依照本法第四十四条的规定先行办理农用地转用审批。其中，经国务院批准农用地转用的，同时办理征地审批手续，不再另行办理征地审批；经省、自治区、直辖市人民政府在征地批准权限内批准农用地转用的，同时办理征地审批手续，不再另行办理征地审批，超过征地批准权限的，应当依照本条第一款的规定另行办理征地审批。

第四十七条规定：国家征收土地的，依照法定程序批准后，由县级以上地方人民政府予以公告并组织实施。县级以上地方人民政府拟申请征收土地的，应当开展拟征收土地现状调查和社会稳定风险评估，并将征收范围、土地现状、征收目的、补偿标准、安置方式和社会保障等在拟征收土地所在的乡（镇）和村、村民小组范围内公告至少三十日，听取被征地的农村集体经济组织及其成员、村民委员会和其他利害关系人的意见。多数被征地的农村集体经济组织成员认为征地补偿安置方案不符合法律法规规定的，县级以上地方人民政府应当组织召开听证会，并根据法律法规的规定和听证会情况修改方案。拟征收土地的所有权人、使用权人应当在公告规定期限内，持不动产权属证明材料办理补偿登记。县级以上地方人民政府应当组织有关部门测算并落实有关费用，保证足额到位，与拟征收土地的所有权人、使用权人就补偿、安置等签订协议；个别确实难以达成协议的，应当在申请征收土地时如实说明。相关前期工作完成后，县级以上地方人民政府方可申请征收土地。

第四十八条规定：征收土地应当给予公平、合理的补偿，保障被征地农民原有生活水平不降低、长远生计有保障。征收土地应当依法及时足额支付土地补偿费、安置补助费，以及农村村民住宅、其他地上附着物和青苗等的补偿费用，并安排被征地农民的社会保障费用。征收农用地的土地补偿费、安置补助费标准由省、自治区、直辖市通过制定公布区片综合地价确定。制定区片综合地价应当综合考虑土地原用途、土地资源条件、土地产值、土地区位、土地供求关系、人口及经济社会发展水平等因素，并至少每三年调整或者重新公布一次。征收农用地以外的其他土地、地上附着物和青苗等的补偿标准，由省、自治区、直辖市制定。对其中的农村村民住宅，应当按照先补偿后搬迁、居住条件有改善的原则，尊重农村村民意愿，采取重新安排宅基地建房、提供安置房或者货币补偿等方式给予公平、合理的补偿，并对因征收造成的搬迁、临时安置等费用予以补偿，保障农村村民居住的权利和合法的住房财产权益。县级以上地方人民政府应当将被征地农民纳入相应的养老等社会保障体系。被征地农民的社会保障费用主要用于符合条件的被征地农民的养老保险等社会保险缴费补贴。被征地农民社会保障费用的筹集、管理和使用办法，由省、自治区、直辖市制定。

第四十九条规定：被征地的农村集体经济组织应当将征收土地的补偿费用的收支状况向本集体经济组织的成员公布，接受监督。禁止侵占、挪用被征收土地单位的征地补偿费用和其他有关费用。

八、供地批文

新建变电站需要向规资部门申办项目供地方案的批文（简称供地批文），如站址范围为农用地，需完成农用地转建设用地的流程，即取得农批次文（国有土地收地需落实收地公告或征收令）。

1. 申请材料

（1）上海市建设用行政地事务申请表。

（2）上海市建设用地征询表。

（3）建设项目规划土地意见书及附图。

（4）国有土地的划拨申请。

（5）项目立项（核准）文件。

（6）农转用和征收土地方案批复的通知（原件）。

（7）土地勘测定界报告（原件）。

（8）被征地人员就业和社会保障备案证明。

（9）地籍图（原件）。

（10）营业执照。

（11）征地结案表。

（12）征房结案表。

2. 审查要点

（1）主要核实在征地环节中的社保、征地结案、房屋征收结案是否已完成。

（2）核实农批次文文件中的耕地面积是否与申请供地批复中的面积一致。

3. 法律、条例依据

（1）《中华人民共和国土地管理法》（2019年8月修正）第五十三条规定：经批准的建设项目需要使用国有建设用地的，建设单位应当持法律、行政法规规定的有关文件，向有批准权的县级以上人民政府土地行政主管部门提出建设用地申请，经土地行政主管部门审查，报本级人民政府批准。

（2）划拨用地目录。

九、建设用地规划许可证（三证合一）

新建变电站取得供地批文后，需向规资部门申办建设用地规划许可证（建设用地规划许可证、建设用地批准书、划拨决定书，简称三证合一）。

1. 申请材料

（1）上海市建设用地规划许可证（划拨土地）申请表（新办）。

（2）建设单位承诺书。

（3）已核发建设项目规划土地意见书、批文及附图。

（4）建设项目地形图（划示用地范围）。

（5）房屋土地权属调查报告书（附勘测定界图）。

（6）征地补偿安置方案结案表、征地房屋补偿结案表。

（7）被征地人员就业及社会保障备案证明。

（8）国有土地补偿协议或公告期满的收地公告（应为供地批文要件）。

（9）房屋征收决定。

（10）国有土地划拨批文。

（11）耕地占用税完税凭证。

（12）房屋征收补偿公告。

2. 审查要点

（1）准予批准的条件符合《建设项目选址意见书》或《国有土地使用权出让（转让）合同》以及关于审定《建设工程设计方案》的决定内容的。

（2）不予批准的情形不符合《建设项目规划土地意见书》或《国有土地使用权出让（转让）合同》及关于审定《建设工程设计方案》的决定内容的。

（3）建设项目立项（核准）批复文件注意要点：①项目可行性研究报告批复文件（审批制）或投资项目核准、备案文件（核准、备案制）或者有关计划部门出具的立项文件此材料可通过市大数据中心电子证照库调取的，当事人免予提交；②非本市立项部门核发的批准文件，加盖申请单位电子签章。

3. 法律、条例依据

（1）《中华人民共和国城乡规划法》（2019年4月修正）第三十七条规定：在城市、镇规划区内以划拨方式提供国有土地使用权的建设项目，经有关部门批准、核准、备案后，建设单位应当向城市、县人民政府城乡规划主管部门提出建设用地规划许可申请，由城市、县人民政府城乡规划主管部门依据控制性详细规划核定建设用地的位置、面积、允许建设的范围，核发建设用地规划许可证。建设单位在取得建设用地规划许可证后，方可向县级以上地方人民政府土地主管部门申请用地，经县级以上人民政府审批后，由土地主管部门划拨土地。

（2）《中华人民共和国土地管理法实施条例》（2021年7月修订）第二十二条、第二十三条规定：划拨使用国有土地的，由市、县人民政府土地行政主管部门向土地使用者核发国有土地划拨决定书。

十、施工图审图

1. 申请材料

（1）作为勘察、设计依据的政府有关部门的批准文件及附件。

（2）全套施工图。

（3）其他应当提交的材料。

2. 审查要点

（1）是否符合工程建设强制性标准。

（2）地基基础和主体结构的安全性。

（3）消防安全性。

（4）是否符合民用建筑节能强制性标准。

3. 法律、条例依据

（1）《建设工程质量管理条例》（2019 年 4 月修订）第十一条规定：施工图设计文件未经审查批准的，不得使用。第二十三条规定：设计单位应当就审查合格的施工图设计文件向施工单位作出详细说明。

（2）《房屋建筑和市政基础设施工程施工图设计文件审查管理办法》（住建部令第 13 号）第三条规定：国家实施施工图设计文件（含勘察文件，简称施工图）审查制度。本办法所称施工图审查，是指施工图审查机构（简称审查机构）按照有关法律法规，对施工图涉及公共利益、公众安全和工程建设强制性标准的内容进行的审查。施工图审查应当坚持先勘察、后设计的原则。施工图未经审查合格的，不得使用。从事房屋建筑工程、市政基础设施工程施工、监理等活动，以及实施对房屋建筑和市政基础设施工程质量安全监督管理，应当以审查合格的施工图为依据。

第十条规定：建设单位应当向审查机构提供下列资料并对所提供资料的真实性负责：（一）作为勘察、设计依据的政府有关部门的批准文件及附件；（二）全套施工图；（三）其他应当提交的材料。

第十一条规定：审查机构应当对施工图审查下列内容：（一）是否符合工程建设强制性标准；（二）地基基础和主体结构的安全性；（三）消防安全性；（四）人防工程（不含人防指挥工程）防护安全性；（五）是否符合民用建筑节能强制性标准，对执行绿色建筑标准的项目，还应当审查是否符合绿色建筑标准；（六）勘察设计企业和注册执业人员及相关人员是否按规定在施工图上加盖相应的图章和签字；（七）法律法规、规章规定必须审查的其他内容。

十一、建设工程消防设计审查（如需）

1. 申请材料

（1）消防设计文件审查申请表。

（2）消防设计文件审查申请表填表说明。

（3）消防设计文件。

2. 审查要点

（1）防火分区设计说明：

1）明确各防火分区的面积大小及分隔的具体措施。

2）明确各防烟分区的面积大小及分隔的具体措施。

3）安全疏散和避难：①明确每个防火分区安全出口的数量，安全出口的总宽度的设计依据和计算书，疏散楼梯的形式，疏散楼梯出屋面的数量，疏散距离，防烟楼梯间前室、合用前室的面积大小；②消防电梯的设置数量、设置部位等情况；③安全疏散宽度计算书。

4）避难设计。

5）建筑构造有爆炸危险的甲、乙类生产厂房的防爆措施（如结构选型，泄压设施的材质、质量、面积，墙面、地面及洞口的作法）。

（2）给排水消防设计说明：

1）消防水源。由市政管网供水时，应说明市政供水干管的方位、管径大小及根数、能提供的水压；采用天然水源时，应说明水源的水质及供水能力、取水设施；采用消防水池供水时，应说明消防水池的设置位置，有效容量及补水量的确定，取水设施及其技术保障措施。

2）室外消防给水和室外消火栓系统。包括室外消防用水量标准、一次灭火用水量、总用水量的确定，室外消防给水管径的大小、环通情况。

3）室内消火栓系统。包括室内消火栓的设置场所、用水量的确定消防水箱的容量。

4）自动喷水灭火设施。包括自动喷水灭火系统设置的场所、用水量的确定、消防水箱的容量等。

5）其他自动灭火设施。包括自动灭火设施的设置场所等。

6）消防水泵房。包括设置位置、耐火等级。

（3）防烟、排烟和通风空调设计说明：

1）具体阐述建筑内防烟、排烟的区域及方式。

2）防烟、排烟系统送风量、排烟量的确定，机械防排烟系统应提供具体的计算书。自然排烟系统应明确设置要求。

（4）消防电气设计说明：

1）消防电源、配电线路及电器装置。包括消防电源供电负荷等级确定、消防用电设备的配电线路选择及敷设方式、备用电源性能要求及启动方式；变、配、发电站的位置、数量、容量及设备技术条件和选型要求。

2）火灾自动报警系统。包括火灾报警设置的场所，保护等级的确定等。

3）消防应急照明和消防疏散指示标志。包括设置原则等。

4）消防控制室。包括设置位置、结构型式、耐火等级等。

（5）热能动力设计说明：包括室内燃料系统的种类、管路设计及敷设方式、燃气用具安装使用要求等燃料系统的设计说明；锅炉型式、规格、台数及其燃料系统等锅炉房（直燃型吸收式冷温水机组）设计说明；燃气调压站、柴油发电机房、气体瓶组站等其他动力站房的设计说明。

（6）保温设计的设计说明：明确建筑保温形式，用的保温材料、外立面装饰材料名称及其燃烧性能等。

3．法律、条例依据

（1）《中华人民共和国消防法》（2021年4月修正）第十条规定：对按照国家工程建设消防技术标准需要进行消防设计的建设工程，实行建设工程消防设计审查验收制度。第十一条规定：国务院住房和城乡建设主管部门规定的特殊建设工程，建设单位应当将消防设计文件报送住房和城乡建设主管部门审查，住房和城乡建设主管部门依法对审查的结果负责。前款规定以外的其他建设工程，建设单位申请领取施工许可证或者申请批准开工报告时，应当提供满足施工需要的消防设计图纸及技术资料。

（2）上海市人民政府关于印发《上海市工程建设项目审批制度改革试点实施方案》的通知（沪府规〔2018〕14号）。

（3）《上海市政府投资工程建设项目审批制度改革试点实施细则》（沪建审改〔2018〕1号）、《上海市企业投资工程建设项目审批制度改革试点实施细则》（沪建审改〔2018〕2号）、《上海市建筑装饰装修工程审批制度改革试点实施细则》（沪建审改〔2018〕3号）。

（4）《进一步深化本市社会投资项目审批改革实施办法》（沪府办发〔2018〕4号）和《进一步深化本市社会投资项目审批改革实施细则》（沪社审改〔2018〕1号）。

（5）《建设工程消防设计审查验收管理暂行规定》（中华人民共和国住房和城乡建设部令第 51 号）第三条规定：国务院住房和城乡建设主管部门负责指导监督全国建设工程消防设计审查验收工作。县级以上地方人民政府住房和城乡建设主管部门（简称消防设计审查验收主管部门）依职责承担本行政区域内建设工程的消防设计审查、消防验收、备案和抽查工作。跨行政区域建设工程的消防设计审查、消防验收、备案和抽查工作，由该建设工程所在行政区域消防设计审查验收主管部门共同的上一级主管部门指定负责。

（6）《建设工程消防设计审查验收工作细则》和《建设工程消防设计审查、消防验收、备案和抽查文书式样》（建科规〔2020〕5 号）第二条规定：本细则适用于县级以上地方人民政府住房和城乡建设主管部门依法对特殊建设工程的消防设计审查、消防验收，以及其他建设工程的消防验收备案、抽查。

（7）《上海市建设工程消防设计审查验收管理办法（试行）》（沪住建规范〔2020〕7 号）第三条规定：（职责分工）上海市住房和城乡建设管理委员会（简称市住房城乡建设管理委）是本市建设工程消防设计审查验收工作的主管部门。上海市建设工程设计文件审查管理事务中心（简称市设计文件审查中心）受市住房城乡建设管理委委托，具体负责本市建设工程消防设计审查管理工作。市设计文件审查中心对各区建设管理部门及特定地区管委会的消防设计审查开展业务指导。

十二、建设工程规划许可证

新建变电站工程取得建设用地规划许可证（三证合一）、设计方案批复后，开展施工图审图工作，完成后，办理建设工程规划许可证（简称工规证）。

1. 申请材料

（1）上海市《建设工程规划许可证》（新办）申请表。

（2）建设单位/设计单位承诺书。

（3）建筑施工总平面图。

（4）建筑施工图（图纸目录和平面、立体、剖面图）。

（5）基础施工平面图、桩位平面布置图。

（6）建筑面积汇总表、建筑物建筑分层面积表。

（7）《地质灾害危险性评估报告专家审查意见》或《建设项目地质灾害防治承诺书》。

（8）项目立项（核准）文件。

（9）建设用地规划许可证或房屋土地权属证明。

（10）其他：变电站工程取得工规证，即标志项目开工前已完成规资部门的全部审批手续，后续转为办理施工类许可手续。

2. 审查要点

准予批准的条件为：①建设项目应当符合核定的建设工程设计方案；②建设项目应当符合经批准的控制性详细规划；③建设项目应当符合规划管理技术规范和标准的要求；④在历史文化风貌区内进行建设活动，还应当符合历史文化风貌区保护规划。

3. 法律、条例依据

（1）《中华人民共和国城乡规划法》（2019年4月修正），第四十条规定：在城市、镇规划区内进行建筑物、构筑物、道路、管线和其他工程建设的，建设单位或者个人应当向城市、县人民政府城乡规划主管部门或者省、自治区、直辖式人民政府确定的镇人民政府申请办理建设工程规划许可证。

（2）《上海市城乡规划条例》（2018年12月修正），第三十四条规定：下列建设项目，建设单位或者个人应当按规定申请办理建设工程规划许可证或者乡村建设规划许可证：（一）新建、改建、扩建建筑物、构筑物、道路或者管线工程；（二）需要变动主体承重结构的建筑物或者构筑物的大修工程；（三）市人民政府确定的区域内的房屋立面改造工程。

（3）其他。《上海市人民政府关于印发〈上海市工程建设项目审批制度改革试点实施方案〉的通知》（沪府规〔2018〕14号）、《上海市工程建设项目审批制度改革工作领导小组关于印发〈上海市政府投资工程建设项目审批制度改革试点实施细则〉的通知》（沪建审改〔2018〕1号）、《上海市工程建设项目审批制度改革工作领导小组关于印发〈上海市企业投资工程建设项目审批制度改革试点实施细则〉的通知》（沪建审改〔2018〕2号）。

十三、填堵河道的许可

1. 申请材料

（1）填堵河道审批申请表。

（2）营业执照或者统一社会信用代码证及代理人身份证。

（3）项目的立项批件和城市规划、土地使用等相关资料。

（4）新开河道验收相关材料或新开河道立项批件及用地落实的相关材料。

（5）相应资质的勘察设计（水利工程）或工程咨询单位编制的技术论证报告

（含城建坐标的 CAD 图）。

（6）所涉及的测绘院地形图等资料。

2. 审查要点

（1）符合本市防汛安全（含过渡期间排水安全）要求。

（2）符合河道蓝线专项规划或地区控制性详细规划的要求；为保证地区的防汛除涝安全，填堵河道的审批报批前，建设单位应委托具有相应资质的勘察设计（水利工程）单位编制填河论证技术报告（含相应的水功能补偿措施或者水系调整方案、临时和永久排水方案等），明确新开（拓宽）和填埋河道水系的位置、规模、面积、责任主体及实施（开工、竣工）时间计划安排等资料。

（3）不应对河道日常管理、景观、环境等产生影响。

（4）开、填河道实施顺序符合"先开后填"的要求。

（5）符合新开河道面积大于填埋河道面积要求。

（6）开河用地落实且开河方案能够实施落地。

3. 法律、条例依据

（1）《中华人民共和国水法》（2016 年 7 月修正），根据 2016 年 7 月 2 日第十二届全国人民代表大会常务委员会第二十一次会议《关于修改〈中华人民共和国节约能源法〉等六部法律的决定》第二次修正。第四十条第二款规定：禁止围垦河道。确需围垦的，应当经过科学论证，经省、自治区、直辖市人民政府水行政主管部门或者国务院水行政主管部门同意后，报本级人民政府批准。

（2）《中华人民共和国防洪法》（2016 年 7 月修正），根据 2016 年 7 月 2 日第十二届全国人民代表大会常务委员会第二十一次会议《关于修改〈中华人民共和国节约能源法〉等六部法律的决定》第三次修正，第三十四条第三款规定：城市建设不得擅自填堵原有河道沟叉、贮水湖塘洼淀和废除原有防洪围堤。确需填堵或者废除的，应当经水行政主管部门审查同意并报城市人民政府批准。

（3）《中华人民共和国河道管理条例》（2018 年 3 月修正），根据 2018 年 3 月 19 日《国务院关于修改和废止部分行政法规的决定》第四次修正，第二十七条第二款规定：禁止围垦河流，确需围垦的，必须经过科学论证，并经省级以上人民政府批准。

（4）《中华人民共和国长江保护法》（2021 年 3 月 1 日起施行），2020 年 12 月 26 日，中华人民共和国第十三届全国人民代表大会常务委员会第二十四次会议通过《中华人民共和国长江保护法》，第二十五条规定：国务院水行政主管部门加强长江流域河道、湖泊保护工作。长江流域县级以上地方人民政府负责划定河道、湖泊管理范围，并向社会公告，实行严格的河湖保护，禁止非法侵占河湖水域。

第八十七条规定：非法侵占长江流域河湖水域，或者非法利用、占用河湖岸线的，由县级以上人民政府水行政、自然资源等主管部门按照职责分工，责令停止非法行为，限期拆除并恢复原状，所需费用由非法者承担，没收非法所得，并处五万元以上五十万元以下罚款。

（5）《上海市防汛条例》（2014年7月修正），根据2017年11月23日上海市第十四届人民代表大会常务委员会第四十一次会议《关于修改本市部分地方性法规的决定》第三次修正，第二十一条第二款规定：确因建设需要填堵河道的，建设单位应当按照《上海市河道管理条例》的规定办理审批手续。

（6）《上海市河道管理条例》（2022年10月修正），根据2018年12月20日上海市第十五届人民代表大会常务委员会第八次会议《关于修改〈上海市供水管理条例〉等9件地方性法规的决定》第八次修正，第二十六条规定：禁止擅自填堵河道。确因建设需要填堵河道的，建设单位应当委托具有相应资质的水利规划设计单位进行规划论证，并报市人民政府批准。填堵河道需要实施水系调整的，所需经费由建设单位承担。经批准填堵河道的，建设单位在施工前，应当按照本条例第十九条的规定办理施工审核手续。

第四十三条规定：违法填堵河道的处罚。违反本条例规定，擅自填堵河道的，由市水务执法总队或者区河道行政主管部门责令其停止施工，限期改正或者采取其他补救措施，并可处以一千元以上五万元以下的罚款。

（7）《上海市水资源管理若干规定》（2018年1月1日起施行），2017年11月23日，上海市第十四届人民代表大会常务委员会第四十一次会议通过，第二十二条第二款规定：禁止擅自填堵河道。确因建设需要并按照规定经市人民政府批准填堵河道的，建设单位应当按照先完成开挖、后填堵的顺序实施，新开挖河道面积应当大于填堵面积。

第三十三条规定：未按要求开填河道处罚。建设单位填堵河道不符合要求的，由市水务局执法总队、区水务行政管理部门责令限期改正或者采取其他补救措施，可以处一万元以上五万元以下的罚款；逾期不改正或者不采取其他补救措施的，由水务行政管理部门或者其委托的没有利害关系的第三人依法代为改正或者采取其他补救措施，所需费用由建设单位承担。

十四、临时用地审批

1. 申请材料

（1）上海市建设用地行政事务审批申请表。

（2）复垦方案报告表。

（3）项目核准文件。

（4）借地协议。

（5）房屋土地权属调查报告书附勘测定界图和地籍图。

（6）土地利用现状照片。

2. 审查要点

（1）申请临时用地的项目应为市政交通类建设项目，建设基地全开挖的；

（2）因地质勘测需要，可以申请临时用地。

（3）临时用地占用耕地的，应签订复垦耕地承诺书。

（4）临时用地不能占用基本农田。

（5）办理临时用地土地手续，应先取得《建设用地规划许可证》或规划意见。

（6）土地使用者根据土地权属，与集体土地所有权人（农村集体经济组织或村民委员会）签订临时使用土地合同。

3. 法律、条例依据

《中华人民共和国土地管理法》（2019 年 8 月修正）第五十七条规定：建设项目施工和地质勘查需要临时使用国有土地或者农民集体所有土地的，由县级以上人民政府土地主管部门批准。

十五、公路增设道口

1. 申请材料

（1）上海市路政管理行政许可申请表。

（2）法定代表人、经办人身份证明、建设单位营业执照。

（3）施工方案。

（4）项目立项（核准）文件。

（5）建设工程规划许可证。

（6）交通设计审核意见单。

（7）占掘路施工交通安全意见书。

（8）施工单位资质证明。

2．审查要点

（1）准予批准的条件：①符合公路的远景发展和有关技术标准、规范要求的设计和施工方案；②技术评价报告认为设计和施工方案能够保障公路、公路附属设施质量和安全；③处置施工险情和意外事故的应急预案有效可行。

（2）不予批准的情形：①申请人隐瞒有关情况或者提供虚假材料申请许可的；②经审查，违反《中华人民共和国公路法》《公路安全保护条例》及相关法律法规的规定或不符合公路工程技术标准的。

3．法律、条例依据

（1）《中华人民共和国公路法》（2017 年 11 月修正），1997 年 7 月 3 日第八届全国人民代表大会常务委员会第二十六次会议通过，根据 2017 年 11 月 4 日第十二届全国人民代表大会常务委员会第三十次会议《关于修改〈中华人民共和国会计法〉等十一部法律的决定》第五次修正，第五十五条规定：在公路上增设平面交叉道口，必须按照国家有关规定经过批准，并按照国家规定的技术标准建设。

（2）《公路安全保护条例》（中华人民共和国国务院令第 593 号），第二十七条第六款规定：进行下列涉路施工活动，建设单位应当向公路管理机构提出申请，（六）在公路上增设或者改造平面交叉道口。

（3）《上海市公路管理条例》（2020 年 9 月修正），1999 年 11 月 26 日，上海市第十一届人民代表大会常务委员会第十四次会议通过，根据 2020 年 9 月 25 日上海市第十五届人民代表大会常务委员会第二十五次会议《关于修改〈上海市公路管理条例〉的决定》第三次修正，第四十一条规定：在公路上增设、改造平面交叉道口的，应当经市道路运输行政管理或者区交通行政管理部门及公安交通管理部门批准。

十六、开工放样复验审批（房屋建筑）

1．申请材料

（1）上海市开工放样复验（房屋建筑工程）申请表（新办）。

（2）建设单位承诺书。

（3）上海市建设工程"多测合一"成果报告书（开工放样检测）。

（4）建设工程规划许可证及附件、附图。

（5）建设基地全景照片、张贴规划许可公告牌的照片。

2．审查要点

（1）按照《建设工程规划许可证》及附图许可等规划文件要求，完成建筑工程灰线放样，并委托具有测绘资质的测量单位完成开工放样检测报告。

（2）建筑工程放样灰线与建设基地以外相邻建筑的建筑间距、与建设基地内拟建建筑的建筑间距，以及退批准用地范围、道路红线等规划控制线距离应符合《建设工程规划许可证》批准总平面图要求。

（3）建设工程尚未开工建设。

（4）涉及道路、河流两侧的建设项目应完成道路红线、河道蓝线等规划控制线的现场定界。

（5）按照《地质资料管理条例》《上海市地质资料管理办法》汇交建设工程地质资料。

（6）建设基地现场设置规划许可公告牌。

3. 法律、条例依据

《上海市城乡规划条例》（2018年12月修正）第四十二条规定：新建、改建、扩建建设项目现场放样后，建设单位或者个人应当按照规定通知规划行政管理部门复验，并报告开工日期。规划行政管理部门应当进行现场检查，经复验无误后，方可准予开工。规划行政管理部门应当在接到通知后的五个工作日内复验完毕。

十七、建筑工程施工许可证

新建变电站取得工规证后，开工前需要向市建委或市建委授权部门申办建筑工程施工许可证（简称施工许可证）。

1. 申请材料

（1）施工许可申请表（本次申请范围）。

（2）《建设用地批准书》或《房地产权证（或不动产权证）》或"多证合一"的建设用地规划许可证批准文件。

（3）建设工程规划许可证。

（4）申领建筑工程施工许可的相关承诺书。

（5）《上海市建筑工程现场质量安全措施落实保证书》。

2. 审查要点

新办的准予批准条件：

（1）依法应当办理用地批准手续的已办理。

（2）依法应当办理建设工程规划许可证手续的已办理。

（3）施工场地已经基本具备施工条件，需要征收房屋的，其进度符合施工要求，有保证工程质量和安全的具体措施。

（4）依法已确定施工企业，按照规定应当招标的建筑工程没有招标，应当公开招标的工程没有公开招标，或者肢解发包工程，以及将建筑工程发包给不具备相应资质条件的企业的，所确定的施工企业无效。按照规定应当委托监理的建筑工程已委托监理。相应的勘察、设计、施工、监理合同应当完成信息报送。

（5）有满足施工需要的技术资料，依法应当进行施工图设计文件审查的已按规定审查合格。

（6）建设资金已经落实。建设单位应当提供建设资金已经落实承诺书。政府投资工程按财政部门支付要求落实资金。

3. 法律、条例依据

（1）《中华人民共和国建筑法》（国务院令第 46 号）第二章第一节第七条规定：建筑工程开工前，建设单位应当按照国家有关规定向工程所在地县级以上人民政府建设行政主管部门申请领取施工许可证；但是，国务院建设行政主管部门确定的限额以下的小型工程除外。按照国务院规定的权限和程序批准开工报告的建筑工程，不再领取施工许可证。

（2）《建筑工程施工许可管理办法》（中华人民共和国住房和城乡建设部令第 18 号，根据 2018 年 9 月 28 日住房和城乡建设部令第 42 号修正）。

（3）《上海市建筑市场管理条例》（上海市人民代表大会常务委员会公告第 16 号）第二章第十三条规定：建设工程开工应当按照国家有关规定，取得施工许可。未经施工许可的建设工程不得开工。除保密工程外，施工单位应当在施工现场的显著位置向社会公示建设工程施工许可文件的编号、工程名称、建设地址、建设规模、建设单位、设计单位、施工单位、监理单位、合同工期、项目经理等事项。

（4）《上海市建筑工程施工许可管理实施细则》（沪建管〔2015〕377 号）第二条规定：本市行政区域内工程总投资在 100 万元及以上的房屋建筑工程及其附属设施、市政基础设施工程、房屋装修装饰工程，建设单位在开工前应当依照本实施细则和本市建设工程分级管理原则，向市、区建设行政管理部门或实行委托管理的特定区域管委会申请领取施工许可证。

（5）《上海市住房和城乡建设管理委员会关于进一步优化全市建筑工程施工许可审批和推行电子证照的通知》（沪建建管〔2018〕150 号）第一条规定：自 2018 年 4 月 1 日起，在本市范围内实行建筑工程施工许可证电子证照。第三条规定：自 2018 年 4 月 1 日起，取消本市范围内建筑工程施工许可证核发前的现场安全质量措施审核和工伤保险费用缴纳，调整为告知承诺和核发后的事后监管。

十八、城市建筑垃圾处置的核准

1. 申请材料

（1）上海市建筑垃圾处置核准申请表。

（2）建筑垃圾消纳场所签订的消纳处置合同。

（3）建筑垃圾处置计划。

（4）运输合同。

2. 审查要点

（1）准予批准的条件：①需有建筑垃圾、工程渣土和泥浆回填接纳场所；②落实防污染措施；③经回填接纳场所所在地绿化市容管理部门同意。

（2）不予批准的情形：①没有建筑垃圾、工程渣土和泥浆回填接纳场所；②未落实防污染措施；③未经回填接纳场所管理单位同意。

3. 法律、条例依据

（1）《国务院对确需保留的行政审批项目设定行政许可的决定》（国务院令第412号）第101项规定：城市建筑垃圾处置核准，实施机关为城市人民政府市容环境卫生行政主管部门。

（2）《城市建筑垃圾管理规定》（建设部令第139号）第七条规定：处置建筑垃圾的单位，应当向城市人民政府市容环境卫生主管部门提出申请，获得城市建筑垃圾处置核准后，方可处置。

（3）《上海市建筑垃圾处理管理规定》（2017年9月上海市人民政府令第57号）第二十六条规定：建设单位应当在办理工程施工许可或者拆除工程备案手续前，向工程所在地的区绿化市容行政管理部门提交建设工程垃圾处置计划、运输合同、处置合同和运输费、处置费列支信息，申请核发处置证。

第三节　前期证照办理（架空线工程）

架空线工程前期业务流程图见书末插页图 1-2 所示。

一、塔基占地协议

1. 申请材料

（1）项目核准批复文件。

（2）项目初步设计批复文件。

（3）塔基占地统计表（设计单位盖章）。

（4）塔基占地赔偿第三方评估报告或属地镇政府提供的赔偿证明材料。

2．审查要点

（1）塔基占地权属调查。

（2）核定塔基占地赔偿费用。

3．法律、条例依据

《上海市电网建设若干规定》（沪府规〔2023〕6号）第十条规定：新建电力架空线不实行征地，电网企业应当参照征地补偿标准对杆、塔基础范围的土地权利人给予一次性经济补偿。架空线路工程取得初设批复后，根据线路路径图、基础图统计塔基占地情况，建设单位与土地权利人签订塔基占地协议。

二、永久基本农田补划

架空线路工程塔基占地如涉及永久基本农田或储备地块，按现阶段上海市用途管制要求，需开展涉及区域耕地（永久基本农田）布局优化方案的编制、审批工作，完成后申办线路工程建设工程规划许可证。

1．申请材料

（1）项目核准批复文件。

（2）项目初步设计批复文件。

（3）《全市域土地综合整治耕地（永久基本农田）布局优化方案》。

2．审查要点

（1）规划等需衔接要素的符合性。

（2）调入地块最新利用现状为耕地且现场为耕种状态。

（3）调整前后，永久基本农田、储备地块的总面积和水田面积均不减少。

（4）调整前后，永久基本农田、储备地块的平均国家利用等均不降低。

（5）调整后，永久基本农田、储备地块更为集中连片。

3．法律、条例依据

（1）《中华人民共和国土地管理法》（2019年8月修正）第三十五条规定：永久基本农田经依法划定后，任何单位和个人不得擅自占用或者改变其用途。国家能源、交通、水利、军事设施等重点建设项目选址确实难以避让永久基本农田，涉及农用地转用或者土地征收的，必须经国务院批准。禁止通过擅自调整县级土地利用总体规划、乡（镇）土地利用总体规划等方式规避永久基本农田农用地转用或者土地征收的审批。

（2）《〈上海全市域土地综合整治耕地（永久基本农田）布局优化方案〉管理规则》（沪规划资源施〔2023〕514号）明确要求涉及耕地保护空间或永久基本农田布局优化调整的，应当编制《全市域土地综合整治耕地（永久基本农田）布局优化方案》。经国网上海电力公司与上海市规划和自然资源局（简称上海市规资局）沟通，上海市规资局同意并支持如下：关于电力架空线路塔基项目占用永久基本农田的事宜，参照小微项目占地不超过100m²，按原地类管理不再补划。

三、建设工程规划许可证

根据上海市政府相关文件规定，架空线路工程、电力排管工程取得建设工程规划许可证，即满足合法依规开工条件。

1. 申请材料

（1）上海市建设工程规划许可证（管线工程）申请表（新办）。

（2）建设单位/设计单位/跟测单位承诺书/告知承诺单。

（3）建设项目立项（核准）批复文件。

（4）管线施工图。

（5）管线规划图。

（6）地下管线跟踪测量技术服务合同。

（7）《建设项目地质灾害防治承诺书》或《地质灾害危险性评估报告专家审查意见》。

（8）土地批准文件（管线工程如征用、调拨或临时使用土地及拆迁房屋应加送）。

（9）规划设计条件。

2. 审查要点

准予批准的条件：①建设项目应当符合核定的建设工程设计方案；②建设项目应当符合经批准的控制性详细规划；③建设项目应当符合规划管理技术规范和标准的要求；④在历史文化风貌区内进行建设活动，还应当符合历史文化风貌区保护规划。

3. 法律、条例依据

（1）《中华人民共和国城乡规划法》（2019年4月修正）第四十条规定：在城市、镇规划区内进行建筑物、构筑物、道路、管线和其他工程建设的，建设单位或者个人应当向城市、县人民政府城乡规划主管部门……申请办理建设工程规划许可证。

（2）《上海市城乡规划条例》（2018年12月修正）第三十四条规定：下列建设项目，建设单位或者个人应当按规定申请办理建设工程规划许可证或者乡村建设规划许可证：（一）新建、改建、扩建建筑物、构筑物、道路或者管线工程；（二）需要变动主体承重结构的建筑物或者构筑物的大修工程；（三）市人民政府确定的区域内的房屋立面改造工程。

（3）其他。上海市人民政府关于印发《上海市工程建设项目审批制度改革试点实施方案》的通知（沪府规〔2018〕14号）、上海市工程建设项目审批制度改革工作领导小组关于印发《上海市政府投资工程建设项目审批制度改革试点实施细则》的通知（沪建审改〔2018〕1号）、上海市工程建设项目审批制度改革工作领导小组关于印发《上海市企业投资工程建设项目审批制度改革试点实施细则》的通知（沪建审改〔2018〕2号）。

四、航道通航条件影响评价审核

1. 申报材料

（1）航道通航条件影响评价审核申请书。

（2）航道通航条件影响评价报告。

（3）建设工程规划许可证。

2. 审查要点

（1）应该在工程可行性研究阶段就建设项目对航道通航条件的影响作出评价。

（2）新建、改建、扩建跨越、穿越航道的桥梁、隧道、管道、缆线等建筑物、构筑物，应当符合该航道发展规划技术等级对通航净高、净宽、埋设深度等航道通航条件的要求。

（3）在通航河流上建设永久性拦河闸坝，建设单位应当按照航道发展规划技术等级同步建设通航建筑物。闸坝建设期间难以维持航道原有通航能力的，建设单位应当提出修建临时航道、安排翻坝转运等补救措施，所需费用由建设单位承担。在不通航河流上建设闸坝后可以通航的，闸坝建设单位应当同步建设通航建筑物或者预留通航建筑物位置。

（4）在航道保护范围内建设临河、临湖、临海建筑物或者构筑物，应当符合该航道通航条件的要求。

（5）能够满足通航安全的要求。

3. 法律、条例依据

（1）《中华人民共和国航道法》（2016年7月修正）第二十四条规定：新建、

改建、扩建（统称建设）跨越、穿越航道的桥梁、隧道、管道、缆线等建筑物、构筑物，应当符合该航道发展规划技术等级对通航净高、净宽、埋设深度等航道通航条件的要求。

（2）《航道通航条件影响评价审核管理办法》（交通运输部令 2019 年第 35 号）第十九条规定：建设单位取得审核意见后，未在审核意见签发之日起三年内开工建设的，或者建设项目开工建设前因重大自然灾害、极端水文条件等引起航道通航条件发生重大变化的，建设单位应当重新申请办理审核手续。

五、跨越通航河流的许可（内河通航水域、岸线施工作业许可）

建设单位或施工单位根据"航道通航条件影响评价意见"编写保护方案并组织方案评审会，办理"水上水下施工许可证"。方案通过后，由现场执法和属地单位进行安全交底。

1. 申请材料

（1）航道通航条件影响评价报告。

（2）项目区测量、物探、河道蓝线资料。

（3）航道通航条件影响评价审核申请书。

（4）项目相关批复文件，选线批复、工可批复、核准批复或初设批复等。

（5）建设单位的营业执照、组织机构代码证、成立文件等机构证明文件。

（6）涉及规划调整或者拆迁等措施的，应当提供规划调整或者拆迁已取得同意或者已达成一致的承诺函、协议等材料。

（7）项目施工组织设计方案及施工应急预案。

（8）施工通航安全保障方案。

2. 审查要点

（1）水上水下作业或者活动的单位、人员、船舶、海上设施或者内河浮动设施符合安全航行、停泊和作业的要求。

（2）已制订水上水下作业或者活动方案。

（3）有符合水上交通安全和防治船舶污染水域环境要求的保障措施、应急预案和责任制度。

3. 法律、条例依据

（1）《中华人民共和国航道法》（2016 年 7 月修正）第二十四条规定：新建、改建、扩建（统称建设）跨越、穿越航道的桥梁、隧道、管道、缆线等建筑物、构筑物，应当符合该航道发展规划技术等级对通航净高、净宽、埋设深度等航道通航条件的要求。

（2）《航道通航条件影响评价审核管理办法》（交通运输部令 2017 年第 1 号）第三条规定：除《中华人民共和国航道法》第二十八条第一款第（一）（二）（三）项规定的工程外，下列与航道有关的工程，应当进行航道通航条件影响评价审核：（一）跨越、穿越航道的桥梁、隧道、管道、渡槽、缆线等建筑物、构筑物；（二）通航河流上的永久性拦河闸坝；（三）航道保护范围内的临河、临湖、临海建筑物、构筑物，包括码头、取（排）水口、栈桥、护岸、船台、滑道、船坞、圈围工程等。

（3）《中华人民共和国内河交通安全管理条例》（2019 年 3 月修订）第二十五条规定：在内河通航水域或者岸线上进行下列可能影响通航安全的作业或者活动的，应当在进行作业或者活动前报海事管理机构批准：（一）勘探、采掘、爆破；（二）构筑、设置、维修、拆除水上水下构筑物或者设施；（三）架设桥梁、索道；（四）铺设、检修、拆除水上水下电缆或者管道；（五）设置系船浮筒、浮趸、缆桩等设施；（六）航道建设，航道、码头前沿水域疏浚；（七）举行大型群众性活动、体育比赛。

4. 作业注意点

（1）作业前，施工单位需组织进行安全技术交底，对施工人员进行安全生产布置并要有书面记录。

（2）作业时，保持通信畅通。施工单位需得到航道部门封航完成允许施工指令后，方可开展施工。封航施工结束，完成临锚后，联系航道部门解除封航。

（3）封航期间和架线施工期间，跨越点上下游范围设警戒区并作为管控点，上下游各设一艘警戒船，配合对讲机与各作业点现场监护人员进行联系，一旦发现封航期间有船只进入警戒水域，及时予以警告和制止。

（4）放线时，施工单位务必确保对通航航道净空距离不小于相关批文要求距离，不影响航道船舶通航。

（5）施工单位工作负责人及监护人在跨越航道施工中始终不能离开现场。

六、跨越高速公路的许可

在施工阶段，由施工单位委托跨越路段的属地养护单位编写交通组织方案和公路布控措施，将相关方案提交至各交警支队、路政、养护等相关部门审核经各单位初步审核后由属地养护单位组织召开方案评审会，评审完办理后续施工手续，涉及交警配合的需办理"交警意见书"，办理《上海市路政管理行政许可证》。

1. 申请材料

（1）交通组织方案和公路布控措施。

（2）方案评审意见。

（3）交警部门核发"交警意见书"（如需）。

2. 审查要点

跨越施工方案审查及安全措施。

3. 法律、条例依据

（1）《中华人民共和国公路法》（2017 年 11 月修正）第四十五条规定：跨越、穿越公路修建桥梁、渡槽或者架设、埋设管线等设施的，以及在公路用地范围内架设、埋设管线、电缆等设施的，应当事先经有关交通主管部门同意，影响交通安全的，还须征得有关公安机关的同意；所修建、架设或者埋设的设施应当符合公路工程技术标准的要求。对公路造成损坏的，应当按照损坏程度给予补偿。

（2）《公路安全保护条例》（中华人民共和国国务院令第 593 号）第二十七条第二项规定：进行下列涉路施工活动，建设单位应当向公路管理机构提出申请，（二）跨越、穿越公路修建桥梁、渡槽或者架设、埋设管道、电缆等设施。

（3）《上海市公路管理条例》（2020 年 9 月修正）第四十条第一款规定：跨越、穿越公路修建桥梁或者架设、埋设管线等设施的，以及在公路用地范围内架设、埋设管线、电缆等设施的，应当事先经市道路运输行政管理部门或区交通行政管理部门同意；影响交通安全的，还须征得公安交通管理部门的同意。

4. 作业注意点

（1）施工单位提前与交警、高速管理单位沟通，在施工期间通过高速公路预报板及时发布跨越施工信息，预先提示过往驾驶员"前方施工，减速慢行"。

（2）施工单位需积极配合交警、高速管理单位做好交通协调，请相关管理单位安排专人沿线检查。

（3）施工单位在施工现场进行交通指挥与隔离措施维护的巡视人员必须身着反光标志背心，佩戴安全帽，不得擅自离开施工区域。

（4）跨越架不得在高速公路围栏内搭设，跨越封网高度不得小于上报施工方案要求的高度。

（5）跨越施工结束后，施工单位需做到场地及时清理，确保高速公路及时畅通。

（6）跨越区段的作业时间安排以批复的施工作业单为准。

（7）跨越施工时，需待养护公司现场布控措施做好以后，施工单位施工负责人应及时与现场封路交警人员对接，确认所有措施已按要求做好，施工准备工作已完成，交警人员将开展封路，施工负责人接到交警通知后可以施工，立即安排展放引绳。引绳施工完成后，施工负责人确认路面无施工人员，地上无遗留物后，通知现场交警可以放行车辆。

七、海域（航道）手续的许可

1. 申请材料

（1）海域使用申请书。

（2）海域使用论证报告书或者报告表。

（3）申请人的资信证明。

（4）企业营业执照或者个人身份证明。

（5）法律法规规定的其他材料。

2. 审查要点

（1）用海申请符合全国及本市海洋功能区划，与国家及本市有关产业政策相协调。

（2）不影响国防安全和海上交通安全。

（3）申请海域未计划设置其他海域使用权。

（4）申请海域不存在管辖异议。

（5）项目依法进行海域使用论证，且论证结论切实可行。

（6）项目无违法行为或者无立案记录。

（7）申请用海项目申请面积、年限、用海类型清楚，无权属争议，与相关方的矛盾已协调解决。

3. 法律、条例依据

（1）《中华人民共和国海域使用管理法》（2002年1月1日起施行，中华人民共和国主席令第61号）第十六条规定：单位和个人可以向县级以上人民政府海洋行政主管部门申请使用海域。

第十七条规定：县级以上人民政府海洋行政主管部门依据海洋功能区划，对海域使用申请进行审核，并依照本法和省、自治区、直辖市人民政府的规定，报有批准权的人民政府批准。海洋行政主管部门审核海域使用申请，应当征求同级有关部门的意见。

（2）《海域使用权管理规定》（国家海洋局国海发〔2006〕27号）第十一条规定：国务院或国务院投资主管部门审批、核准的建设项目需要使用海域的，申请人应当在项目审批、核准前向国家海洋行政主管部门提出海域使用申请，取得用海预审意见。地方人民政府或其投资主管部门审批、核准的建设项目需要使用海域的，用海预审程序由地方人民政府海洋行政主管部门自行制定。

（3）国务院办公厅《关于沿海省、自治区、直辖市审批项目用海有关问题的通知》（国务院办公厅国办发〔2002〕36 号）第十八条规定：下列项目用海由国务院审批：填海 50 公顷以上的项目用海；围海 100 公顷以上的项目用海；不改变海域自然属性的用海 700 公顷以上的项目用海；国家重大建设项目用海；国务院规定的其他项目用海。国务院审批以外的项目用海的审批权限，授权省、自治区、直辖市人民政府按照以下原则规定：

填海（围海造地）50 公顷以下（不含本数）的项目用海，由省、自治区、直辖市人民政府审批，其审批权不得下放。

围海 100 公顷以下（不含本数）的项目用海，由省、自治区、直辖市、设区的市、县（市）人民政府分级审批，分级审批权限由省、自治区、直辖市人民政府按照项目种类、用海面积规定。

700 公顷以下（不含本数）不改变海域自然属性的项目用海，主要由设区的市、县（市）人民政府审批。

（4）《上海市海域使用管理办法》（2005 年 12 月上海市人民政府令第 54 号文）第八条（海域使用审批）规定：市海洋局应当在受理海域使用申请后 2 个工作日内征求市有关部门的意见，并在 10 个工作日内组织专家对海域使用论证报告书或者报告表进行评审。市有关部门应当在收到征求意见之日起 7 个工作日内提出意见，并书面告知市海洋局。市海洋局应当在评审结束后 5 个工作日内提出审核意见，并报市政府审批。经审批同意的，市海洋局应当向申请人送达海域使用权批准文件；经审批不同意的，市海洋局应当向申请人书面说明理由。

（5）《上海市建设项目海域使用许可管理办法》（2019 年 4 月修订）第四条（用海预审申请）规定：本市行政区域内的建设项目涉及海域使用的，用海申请人应当在建设项目申报审批、核准前向市海洋局提出用海预审申请，取得用海预审意见。

（6）《上海市人民政府办公厅关于加强本市长江河口海域重叠区域管理工作的实施意见》（沪府办规〔2023〕4 号）规定：重叠区域内的新建项目，应当依法办理涉海相关行政许可手续。涉海行政许可事项按照如下要求办理：工程可行性研究报告的审批、核准、备案时间或相关行业主管部门立项批复时间在 2022 年 8 月 29 日以后的项目，应当依法办理用海用岛手续，取得《中华人民共和国不动产权证书》（海域使用权或无居民海岛使用权）后方可开工建设。严格管控围填海，新增围填海项目必须按照国家重大战略项目履行围填海报批程序，经国务院批准用海后方可实施。

八、河道管理范围内建设项目工程建设方案的许可

1. 申请材料

（1）河道管理范围内建设项目工程建设方案审批申请表。

（2）营业执照或者统一社会信用代码证及代理人身份证。

（3）建设项目批准文件（如立项、规划选址意见书、扩初设计批复等）。

（4）建设项目涉及河道部分的初步方案（包括平面布置图、结构图、河道蓝线等）。

（5）建设项目对河势稳定、堤防和护岸等水工程安全、河道行洪排涝、排水和水质的影响及拟采取的补救措施。

2. 审查要点

（1）符合本市防汛和河道专业规划要求。

（2）维护河道堤防安全，保持河势稳定，不影响河道行洪、输水通畅和河道水质。

（3）不应对河道日常管理、景观、环境产生影响。

3. 法律、条例依据

（1）《中华人民共和国水法》（2016 年 7 月修正）第十九条规定：建设水工程，必须符合流域综合规划。在国家确定的重要江河、湖泊和跨省、自治区、直辖市的江河、湖泊上建设水工程，未取得有关流域管理机构签署的符合流域综合规划要求的规划同意书的，建设单位不得开工建设；在其他江河、湖泊上建设水工程，未取得县级以上地方人民政府水行政主管部门按照管理权限签署的符合流域综合规划要求的规划同意书的，建设单位不得开工建设。水工程建设涉及防洪的，依照防洪法的有关规定执行；涉及其他地区和行业的，建设单位应当事先征求有关地区和部门的意见。

第三十八条规定：在河道管理范围内建设桥梁、码头和其他拦河、跨河、临河建筑物、构筑物，铺设跨河管道、电缆，应当符合国家规定的防洪标准和其他有关的技术要求，工程建设方案应当依照防洪法的有关规定报经有关水行政主管部门审查同意。

（2）《中华人民共和国防洪法》（2016 年 7 月修正）第十七条规定：在江河、

湖泊上建设防洪工程和其他水工程、水电站等,应当符合防洪规划的要求;水库应当按照防洪规划的要求留足防洪库容。前款规定的防洪工程和其他水工程、水电站未取得有关水行政主管部门签署的符合防洪规划要求的规划同意书的,建设单位不得开工建设。

第二十七条规定:建设跨河、穿河、穿堤、临河的桥梁、码头、道路、渡口、管道、缆线、取水、排水等工程设施,应当符合防洪标准、岸线规划、航运要求和其他技术要求,不得危害堤防安全,影响河势稳定、妨碍行洪畅通;其工程建设方案未经有关水行政主管部门根据前述防洪要求审查同意的,建设单位不得开工建设。前款工程设施需要占用河道、湖泊管理范围内土地,跨越河道、湖泊空间或者穿越河床的,建设单位应当经有关水行政主管部门对该工程设施建设的位置和界限审查批准后,方可依法办理开工手续;安排施工时,应当按照水行政主管部门审查批准的位置和界限进行。

(3)《中华人民共和国河道管理条例》(2018年3月修正)第十一条规定:修建开发水利、防治水害、整治河道的各类工程和跨河、穿堤、临河的桥梁、码头、道路、渡口、管道、缆线等建筑物及设施,建设单位必须按照河道管理权限,将工程建设方案报送河道主管机关审查同意。未经河道主管机关审查同意的,建设单位不得开工建设。

(4)《上海市河道管理条例》(2022年10月修正)第十八条规定:河道管理范围内的建设项目,建设单位应当按照河道管理权限,将工程建设方案报送市水行政主管部门或者区河道行政主管部门审核同意。未经市水行政主管部门或者区河道行政主管部门审核同意的,建设单位不得开工建设。

(5)《上海市防汛条例》(2017年11月修正)第二十五条规定:建设跨河、穿河、穿堤、临河的桥梁、码头、道路、渡口、管道、缆线、排(取)水等工程设施,应当符合防汛标准、岸线规划、航运要求和其他技术要求,不得危害堤防安全、妨碍行洪畅通;其工程建设方案未经有关水行政主管部门根据前述防汛要求审查同意的,建设单位不得开工建设;涉及航道的,按照《上海市内河航道管理条例》的规定办理审批手续。

九、对建设工程征占用林地审核

1. 申报材料

(1)占用林地(迁移林木、采伐林木、变更补建时间)审核审批申请表。

(2)项目批准文件。

（3）区主管部门意见征询单、调查登记表、林木林地权属人意见、补偿协议。

（4）占用林地补建林地承诺书补建林地审核表（意见）（包括补建林地区规资、区绿容部门意见、补建林地作业设计）。

（5）建设项目使用林地可行性报告。

（6）营业执照。

2．审查要点

（1）建设项目使用林地，符合林地保护利用规划，合理和节约集约利用林地。建设项目限制使用生态区位重要和生态脆弱地区的林地，限制使用天然林和单位面积蓄积量高的林地，限制经营性建设项目使用林地。

（2）建设项目使用林地应当遵守林地分级管理的规定。

（3）符合国家供地政策，对生态环境不会造成重大影响。

（4）架空电力线路应当符合有关政策规定。

3．法律、条例依据

（1）《中华人民共和国森林法》（2019年12月修订）第三十七条规定：矿藏勘查、开采及其他各类工程建设，应当不占或者少占林地；确需占用林地的，应当经县级以上人民政府林业主管部门审核同意，依法办理建设用地审批手续。占用林地的单位应当缴纳森林植被恢复费。森林植被恢复费征收使用管理办法由国务院财政部门会同林业主管部门制定。县级以上人民政府林业主管部门应当按照规定安排植树造林，恢复森林植被，植树造林面积不得少于因占用林地而减少的森林植被面积。上级林业主管部门应当定期督促下级林业主管部门组织植树造林、恢复森林植被，并进行检查。

（2）《中华人民共和国森林法实施条例》（2018年3月修订）第十六条规定：勘查、开采矿藏和修建道路、水利、电力、通信等工程，需要占用或者征收、征用林地的，必须遵守下列规定：（一）用地单位应当向县级以上人民政府林业主管部门提出用地申请，经审核同意后，按照国家规定的标准预交森林植被恢复费，领取使用林地审核同意书。用地单位凭使用林地审核同意书依法办理建设用地审批手续。占用或者征收、征用林地未经林业主管部门审核同意的，土地行政主管部门不得受理建设用地申请。（二）占用或者征收、征用防护林林地或者特种用途林林地面积10公顷以上的，用材林、经济林、薪炭林林地及其采伐迹地面积35公顷以上的，其他林地面积70公顷以上的，由国务院林业主管部门审核；占用或者征收、征用林地面积低于上述规定数量的，由省、自治区、直辖市人民政府林业主管部门审核。占用或者征收、征用重点林区的林地的，由国务院林业主管部门审核。

十、临时占用林地的许可

1. 申请材料

（1）占用林地（迁移林木、采伐林木、变更补建时间）审核审批申请表。

（2）项目批准文件。

（3）区主管部门意见征询单、调查登记表、林木林地权属人意见、补偿协议。

（4）占用林地补建林地承诺书补建林地审核表（意见）（包括补建林地区规资、区容部门意见、补建林地作业设计）。

（5）建设项目使用林地可行性报告。

（6）营业执照。

2. 审查要点

（1）因工程建设项目无法避让而确需临时占用林地的。

（2）已批准临时占用林地，确因工程建设需要延长使用期限的，应当在使用期届满 30 日前报原审批机关批准。

（3）不得在临时占用的林地上修筑永久性建筑物。

3. 法律、条例依据

（1）《中华人民共和国森林法》（2019 年 12 月修订）第三十七条规定：矿藏勘查、开采及其他各类工程建设，应当不占或者少占林地；确需占用林地的，应当经县级以上人民政府林业主管部门审核同意，依法办理建设用地审批手续。占用林地的单位应当缴纳森林植被恢复费。森林植被恢复费征收使用管理办法由国务院财政部门会同林业主管部门制定。县级以上人民政府林业主管部门应当按照规定安排植树造林，恢复森林植被，植树造林面积不得少于因占用林地而减少的森林植被面积。上级林业主管部门应当定期督促下级林业主管部门组织植树造林、恢复森林植被，并进行检查。

第三十八条规定：需要临时使用林地的，应当经县级以上人民政府林业主管部门批准；临时使用林地的期限一般不超过二年，并不得在临时使用的林地上修建永久性建筑物。临时使用林地期满后一年内，用地单位或者个人应当恢复植被和林业生产条件。

（2）《中华人民共和国森林法实施条例》（2018 年 3 月修订）第十六条规定：勘查、开采矿藏和修建道路、水利、电力、通讯等工程，需要占用或者征收、征用林地的，必须遵守下列规定：（一）用地单位应当向县级以上人民政府林业主管部门提出用地申请，经审核同意后，按照国家规定的标准预交森林植被恢复费，领取使用林地审核同意书。用地单位凭使用林地审核同意书依法办理建设用地审批手续。占用或者征收、征用林地未经林业主管部门审核同意的，土地行政主管部门不得受理建设用地申请。（二）占用或者征收、征用防护林林地或者特种用途林林地面积 10 公顷以上的，用材林、经济林、薪炭林林地及其采伐迹地面积 35 公顷以上的，其他林地面积 70 公顷以上的，由国务院林业主管部门审核；占用或者征收、征用林地面积低于上述规定数量的，由省、自治区、直辖市人民政府林业主管部门审核。占用或者征收、征用重点林区的林地的，由国务院林业主管部门审核。

第十七条规定：需要临时占用林地的，应当经县级以上人民政府林业主管部门批准。临时占用林地的期限不得超过两年，并不得在临时占用的林地上修筑永久性建筑物；占用期满后，用地单位必须恢复林业生产条件。

（3）《上海市森林管理规定》第二十二条规定：（临时使用林地许可）需要临时使用林地的，应当经区林业部门批准。临时使用林地的期限一般不超过 2 年，并不得在临时使用的林地上修建永久性建筑物；确需延长使用期限的，应当在使用期届满 30 日前报原审批机关批准。法律、法规另有规定的除外。临时使用林地期满后 1 年内，用地单位或者个人应当恢复植被和林业生产条件。

（4）依据《上海市绿化和市容管理局关于做好部分市级事权下放承接工作的通知》沪绿容〔2020〕349 号，市或者区、县林业主管部门应当自受理申请之日起 10 个工作日内作出审核决定；不予批准的，应当书面说明理由。临时使用经济林地的，用地单位或者个人应当在临时使用 30 日前，将临时使用的具体地点、面积书面告知区、县林业主管部门。临时使用林地一般不超过 2 年，确因工程建设需要延长使用期限的，应当在使用期届满 30 日前报原审批机关批准。

用地单位或者个人不得在临时使用的林地上修筑永久性建筑物，使用期满后，应当恢复林地。

十一、水系调整的许可

1. 申请材料

（1）河道蓝线调整报送函件。

（2）河道蓝线调整报告。

（3）河道蓝线调整 CAD 图。

（4）营业执照。

2. 审查要点

河道蓝线调整方案应符合相关规定。

3. 法律、条例依据

（1）《中华人民共和国防洪法》（2016 年 7 月修正）第二十七条规定：建设跨河、穿河、穿堤、临河的桥梁、码头、道路、渡口、管道、缆线、取水、排水等工程设施，应当符合防洪标准、岸线规划、航运要求和其他技术要求，不得危害堤防安全，影响河势稳定、妨碍行洪畅通；其工程建设方案未经有关水行政主管部门根据前述防洪要求审查同意的，建设单位不得开工建设。

（2）《关于印发〈关于进一步加强本市河道规划管理的若干意见〉的通知》（沪规划资源规〔2020〕10 号），该通知要求：建设项目实施必须严格执行河道蓝线的要求，任何单位或者个人，不得擅自调整或改变河道蓝线，确需调整或改变河道蓝线的，必须以地区水域面积总量不减少、水系功能不降低为原则，经水行政主管部门审核后报经原批准机关审批同意。

（3）《上海市河道管理条例》（2022 年 10 月修改）第十三条规定：市管河道及中心城区内其他河道规划控制线（简称河道蓝线）方案，由市水务局提出，经市规划局批准后施行；中心城区外的其他河道蓝线方案，由区（县）河道行政主管部门提出，经区（县）规划行政管理部门批准后施行，报市水务局、市规划局备案。

十二、跨越地铁的许可（在轨道交通安全保护区内作业审批）

涉及跨越地铁，建设单位提交申通地铁开展轨道交通安全保护区作业项目技术审查，办理上海市交通委的轨道交通安全保护区作业许可。交通委许可批复后，施工单位与现场监护人（轨交部门监护办安排的专人）正式施工前需对接，由监护办完成交底并落实监护监测措施后方可施工。

1. 申请材料

（1）交通行政许可申请书。

（2）申请人证明。

（3）轨道交通/磁浮交通安全保护区作业方案技术审查意见轨道交通专项保护方案。

2. 审查要点

（1）作业申请主体应当是建设单位或受托人。

（2）安全保护区的范围如下：地下车站与隧道外边线外侧 50m 内； 地面车

站和高架车站，以及线路轨道外边线外侧 30m 内；出入口、通风亭、变电站等建筑物、构筑物外边线外侧 10m 内。

（3）在轨道交通安全保护区内进行下列作业的，其作业方案应当经轨道交通企业技术审查，并采取相应的安全防护措施：建造或者拆除建筑物、构筑物；从事打桩、基坑施工、挖掘、地下顶进、爆破、架设、降水、钻探、河道疏浚、地基加固等工程施工作业；其他大面积增加或者减少载荷的活动。

3. **法律、条例依据**

《上海市轨道交通管理条例》（2021 年 8 月修改）第三十八条规定：在轨道交通安全保护区内进行下列作业的单位，其作业方案应当经过市交通行政管理部门同意，并采取相应的安全防护措施：（一）建造或者拆除建筑物、构筑物；（二）从事打桩、基坑施工、挖掘、地下顶进、爆破、架设、降水、钻探、河道疏浚、地基加固等工程施工作业；（三）其他大面积增加或者减少载荷的活动。作业单位应当先将上述作业方案送轨道交通企业进行技术审查，轨道交通企业应当及时提出技术审查意见；市交通行政管理部门根据技术审查意见，作出是否同意作业方案的决定后，应当及时告知轨道交通企业。市交通行政管理部门应当会同轨道交通企业制定安全保护区作业方案技术审查规定，根据作业区域与作业类别的不同明确技术审查期限。

4. **作业注意点**

（1）施工单位严格落实技审意见要求，按照设计施工，并加强工序、工艺、施工参数的有效控制；尽可能地减少项目实施对地铁结构的影响。

（2）项目涉及的结构边线与地铁结构的相对位置关系须经现场监护人员复核。施工前，办妥地铁监护手续，落实监护措施，方可施工。

（3）未经轨道交通现场监护人到场许可不得施工；施工前与轨道交通现场监护人对施工区域内设备带电情况、车辆通行情况、施工时间段、工作轨道交通区间等进行再次确认。

（4）轨行区禁止上人，牵引绳高度不得小于规定要求，轨行区上不得有任何影响行车安全的遗留物。

（5）到规定时间立即停止施工。

（6）施工前，应对轨道交通部门提出的施工要求和相关规定（轨道交通部门下发告知书）开展专项交底。

十三、跨越铁路的许可（地方铁路线路安全保护区作业方案备案）

工程的主体设计院编制跨越铁路方案安全分析报告，建设单位委托第三方单位组织安全分析报告的评审并出具第三方安全性评估报告，铁路部门（上海铁路局、地方铁路部门）参与评审，取得"跨（穿）越铁路设计方案审查意见"；后续施工单位根据审批意见编写保护方案并组织方案评审。方案通过后，由施工单位与铁路管理部门签订《委托铁路安全监护配合合同》，由铁路运维相关单位负责过程监测。

1. 申请材料

（1）主体设计单位跨穿越铁路方案安全分析报告。

（2）第三方安全性评估报告。

（3）建设单位正式发函征询铁路局跨越意见。

2. 审查要点

（1）作业单位在地方铁路线路安全保护区内进行下列作业的：①建造建筑物、构筑物等设施；②取土、挖砂、挖沟、采空作业、打桩、基坑施工、地下顶进、架设、吊装、钻探、地基加固、堆放物品、悬挂物品。

（2）安全保护区的范围：由铁路安全监管部门或所在区政府依法划定并公告。

（3）已办理过地方铁路线路安全保护区作业方案备案的项目，若设计方案发生变更，需重新办理备案。

3. 法律、条例依据

（1）《中华人民共和国铁路法》（2015年4月修正）第四十六条规定：在铁路线路上架设电力、通信线路，埋置电缆、管道设施，穿凿通过铁路路基的地下坑道，必须经铁路运输企业同意，并采取安全防护措施。

（2）《上海市铁路安全管理条例》（2021年3月1日起施行）第十六条规定：铁路线路两侧依法设立铁路线路安全保护区。铁路线路安全保护区的范围，从铁路线路路堤坡脚、路堑坡顶或者铁路桥梁（含铁路、道路两用桥，下同）外侧起向外的距离分别为：（一）城市市区高速铁路为十米，其他铁路为八米；（二）城市郊区居民居住区高速铁路为十二米，其他铁路为十米；（三）村镇居民居住区高速铁路为十五米，其他铁路为十二米；（四）其他地区高速铁路为二十米，其他铁路为十五米。铁路线路位于地下的，从地下车站、隧道外边线外侧起向外的五十米区域，纳入铁路线路安全保护区范围。

第十七条规定：在铁路线路安全保护区内建造建筑物、构筑物等设施，取土、挖砂、挖沟、采空作业、打桩、基坑施工、地下顶进、架设、吊装、钻探、地基加固、堆放物品、悬挂物品的，应当征得铁路运输企业或者铁路建设单位的同意并签订安全协议，遵守保证铁路安全的相关标准和施工安全规范，采取措施防止影响铁路运输安全。铁路运输企业或者铁路建设单位应当公布受理渠道、办理程序、相关条件和办结期限等内容。铁路运输企业或者铁路建设单位应当派人员对施工现场实行安全监督。

在地方铁路线路安全保护区内进行上述活动的，作业单位还应当事先将作业方案报市交通管理部门备案。市交通管理部门可以组织有关部门、第三方机构和专家对作业方案进行技术评估，并将评估意见反馈作业单位和铁路运输企业或者铁路建设单位。

（3）《上海市交通委员会关于印发〈上海市地方铁路线路安全保护区管理规定〉的通知》（沪交行规〔2021〕4号）第六条规定：地方铁路工程正在建设的，作业单位在地方铁路线路安全保护区内作业，应当向铁路建设单位提供相关资料，铁路建设单位应当围绕作业活动对铁路安全的影响进行安全技术论证。地方铁路已经投入运营的，作业单位在地方铁路线路安全保护区内作业，应当向铁路运输企业提供相关资料，铁路运输企业应当围绕作业活动对铁路安全的影响进行安全技术论证。铁路建设单位、铁路运输企业应当在网站或者办公场所公布受理渠道、办理程序、相关条件和办结期限等内容。

第七条规定：铁路建设单位或者铁路运输企业应当根据工程项目复杂程度自收到完整材料之日起三十个工作日内作出安全技术论证意见。需调整设计方案的项目，调整期间论证中止，待方案修改好后重新计算。涉及结合铁路项目建设或者结合铁路运营车站结构、附属结构改造的项目方案需要进行协调的，所需时间不计算在论证期限内。工程技术复杂、交叉节点较多的项目，可分阶段进行安全技术论证。

第八条规定：作业单位应当将作业方案报市交通委备案，备案时提供安全技术论证意见，市交通委出具已备案的相关文书。作业方案存在较大风险等情况的，市交通委可以组织有关部门、第三方机构和专家对其进行技术评估。市交通委应当自收到作业方案起十五个工作日内完成评估，并将技术评估意见反馈作业单位。

4. 作业注意点

（1）取得"跨（穿）越铁路设计方案审查意见"，施工单位与铁路管理部门对接，签订《委托铁路安全监护配合合同》。

（2）作业前，施工单位向铁路管理部门报备，并进行安全技术交底，对施工人员进行安全生产布置并要有书面记录。

（3）施工期间，不得将任何物体置于原定施工区域以外。

（4）跨越区段的作业时间安排以批复的施工作业单为准。

（5）跨越施工时，施工负责人及时与铁路管理部门人员对接，确认安全措施完成后再施工。

第四节　前期证照办理（排管、电力隧道工程）

排管工程前期业务流程图见书末插页图 1-3。

电力隧道工程前期业务流程图见书末插页图 1-4。

一、建设工程规划许可证

1. 申请材料

（1）上海市建设工程规划许可证（管线工程）申请表（新办）。

（2）建设单位/设计单位/跟测单位承诺书/告知承诺单。

（3）建设项目立项/计划批复文件。

（4）管线施工图。

（5）管线规划图。

（6）地下管线跟踪测量技术服务合同。

（7）《建设项目地质灾害防治承诺书》或《地质灾害危险性评估报告专家审查意见》。

（8）土地批准文件（管线工程如征用、调拨或临时使用土地及拆迁房屋应加送）。

2. 审查要点

（1）建设项目应当符合核定的建设工程设计方案。

（2）建设项目应当符合经批准的控制性详细规划。

（3）建设项目应当符合规划管理技术规范和标准的要求。

（4）在历史文化风貌区内进行建设活动，还应当符合历史文化风貌区保护规划。

3. 法律、条例依据

（1）《中华人民共和国城乡规划法》（2019 年 4 月修正）第四十条规定：在城

市、镇规划区内进行建筑物、构筑物、道路、管线和其他工程建设的，建设单位或者个人应当向城市、县人民政府城乡规划主管部门或者省、自治区、直辖市人民政府确定的镇人民政府申请办理建设工程规划许可证。

（2）《上海市城乡规划条例》（2018 年 12 月修正）第三十四条规定：下列建设项目，建设单位或者个人应当按规定申请办理建设工程规划许可证或者乡村建设规划许可证：（一）新建、改建、扩建建筑物、构筑物、道路或者管线工程；（二）需要变动主体承重结构的建筑物或者构筑物的大修工程；（三）市人民政府确定的区域内的房屋立面改造工程。

（3）其他。《上海市人民政府关于印发〈上海市工程建设项目审批制度改革试点实施方案〉的通知》（沪府规〔2018〕14 号）、《上海市工程建设项目审批制度改革工作领导小组关于印发〈上海市政府投资工程建设项目审批制度改革试点实施细则〉的通知》（沪建审改〔2018〕1 号）、《上海市工程建设项目审批制度改革工作领导小组关于印发〈上海市企业投资工程建设项目审批制度改革试点实施细则〉的通知》（沪建审改〔2018〕2 号）。

二、挖掘城市道路许可

1. 申请材料
（1）挖掘城市道路许可申请表（上海市路政管理行政许可申请表）。
（2）法定代表人、经办人身份证明、建设单位营业执照或法人代码证。
（3）建设项目初设批复。
（4）掘路计划编号或管控道路批复。
（5）建设工程规划许可证。
（6）公安交通管理部门意见"交警意见书"（占掘路施工交通安全意见书）。
（7）施工方案及图纸。
（8）行政许可告知承诺书。

2. 审查要点
（1）准予许可的条件：①因工程建设或者设置相关设施需要挖掘城市道路；②该申请未超出掘路控制总量；③申请挖掘区管城市道路的，掘路工程需已列入上海市综合掘路计划；④申请单位提供的施工组织设计方案和征得公安交通管理部门同意的交通组织方案均符合要求；⑤掘路申请符合掘路技术规范和规程。

（2）不予许可的情形：①申请人隐瞒有关情况或者提供虚假材料申请许可的；②行政许可申请事项属于直接影响公共安全、人身健康、生命财产安全事项的；③经审查，违反《城市道路管理条例》《上海市城市道路管理条例》及相关法律法规的规定或不符合市政工程技术标准的。

3. 法律、条例依据

（1）《城市道路管理条例》（2019 年 3 月修订）第三十三条规定：因工程建设需要挖掘城市道路的，应当提交城市规划部门批准签发的文件和有关设计文件，经市政工程行政主管部门和公安交通管理部门批准，方可按照规定挖掘。（新建、扩建、改建的城市道路交付使用后 5 年内、大修的城市道路竣工后 3 年内不得挖掘；因特殊情况需要挖掘的，须经县级以上城市人民政府批准。）

（2）《上海市城市道路管理条例》（2010 年 9 月修正）第二十一条规定：禁止擅自占用城市道路。因建设工程施工、沿街建筑物或者构筑物维修，以及经市或者区、县人民政府批准举办重大活动，确需临时占用城市道路的，应当向市市管处或者区、县市政工程管理部门提出申请。市市管处或者区、县市政工程管理部门应当按照临时占路控制总量进行审核，并在受理申请之日起十五日内作出同意或者不同意的决定。影响交通安全的，还应当征得公安交通管理部门同意。临时占路控制总量，由市建设行政管理部门确定并定期公布。经批准临时占用城市道路的，应当按规定缴纳临时占路费。临时占路费上缴财政，用于城市道路的养护、维修和管理。

第二十四条规定：禁止擅自挖掘城市道路。因建设工程施工，确需挖掘城市道路的，应当向市市管处或者区、县市政工程管理部门提出申请，并提供下列材料：（一）建设工程规划许可证；（二）施工组织设计方案；（三）最大限度减少对交通影响、保障通行安全的交通组织方案；（四）掘路工程修复方案。

（3）《上海市道路交通管理条例》（2016 年 12 月修订）第十三条规定：新建、改建、扩建道路，建设单位应当编制道路交通组织方案，并经公安机关审核同意；其中交通标志、标线和可变车道、路口诱导屏的设计，应当经交通行政管理部门审核同意。新建、改建、扩建的道路应当经公安机关和交通行政管理部门验收合格后，方可交付使用。任何单位和个人不得擅自设置、移动、占用或者损毁交通标志、标线等交通设施。

三、穿越地铁的许可（在轨道交通安全保护区内作业审批）

涉及跨穿越地铁，建设单位提交申通地铁开展轨道交通安全保护区作业项目技术审查，办理上海市交通委的轨道交通安全保护区作业许可。上海市交通委批复"轨道交通安全保护区作业的许可决定"后，建设单位应严格按照轨道交通企业出具的《技术审查意见》和同意的《专项保护方案》组织建设施工，施工单位与现场监护人（轨道交通部门监护办安排的专人）正式施工前需对接，由监护办完成交底并落实监护监测措施后方可施工。

1. 申请材料

（1）交通行政许可申请书。

（2）申请人证明。

（3）轨道交通/磁浮交通安全保护区作业方案技术审查意见轨道交通专项保护方案。

2. 审查要点

（1）作业申请主体应当是建设单位或受托人。

（2）安全保护区的范围如下：地下车站与隧道外边线外侧 50m 内；地面车站和高架车站及线路轨道外边线外侧 30m 内；出入口、通风亭、变电站等建筑物、构筑物外边线外侧 10m 内。

（3）在轨道交通安全保护区内进行下列作业的，其作业方案应当经轨道交通企业技术审查，并采取相应的安全防护措施：①建造或者拆除建筑物、构筑物；②从事打桩、基坑施工、挖掘、地下顶进、爆破、架设、降水、钻探、河道疏浚、地基加固等工程施工作业；③其他大面积增加或者减少载荷的活动。

3. 法律、条例依据

（1）《上海市轨道交通管理条例》（2021 年 8 月修改）第三十八条规定：在轨道交通安全保护区内进行下列作业的单位，其作业方案应当经过市交通行政管理部门同意，并采取相应的安全防护措施：（一）建造或者拆除建筑物、构筑物；（二）从事打桩、基坑施工、挖掘、地下顶进、爆破、架设、降水、钻探、河道疏浚、地基加固等工程施工作业；（三）其他大面积增加或者减少载荷的活动。

作业单位应当先将上述作业方案送轨道交通企业进行技术审查，轨道交通企业应当及时提出技术审查意见；市交通行政管理部门根据技术审查意见作出是否同意作业方案的决定后，应当及时告知轨道交通企业。市交通行政管理部门应当会同轨道交通企业制定安全保护区作业方案技术审查规定，根据作业区域与作业类别的不同明确技术审查期限。

（2）其他。《城市轨道交通运营管理规定》《上海市轨道交通管理条例》《上海市轨道交通运营安全管理办法》等。

4. 作业注意点

（1）施工单位严格落实技审意见要求，按照设计施工，并加强工序、工艺、施工参数的有效控制；尽可能地减少项目实施对地铁结构的影响。

（2）项目涉及的结构边线与地铁结构的相对位置关系须经现场监护人员复核。施工前，办妥地铁监护手续，落实监护措施，方可施工。

（3）未经轨道交通现场监护人到场许可不得施工；施工前，与轨道交通现场监护人对施工区域内设备带电情况、车辆通行情况、施工时间段、工作轨行区间等进行再次确认。

（4）轨行区禁止上人，牵引绳高度不得小于规定要求，轨行区上不得有任何影响行车安全的遗留物。

（5）到规定时间立即停止施工。

（6）施工前，应对轨道交通部门提出的施工要求和相关规定（轨道交通部门下发告知书）开展专项交底。

四、穿越铁路的许可（地方铁路线路安全保护区作业方案备案）

工程的主体设计院编制跨越铁路方案安全分析报告，建设单位委托第三方单位组织安全分析报告的评审并出具第三方安全性评估报告，铁路部门（上海铁路局、地方铁路部门）参与评审，取得铁路出具允许穿越的复函；根据复函要求后续施工单位根据审批意见编制涉铁施工图、施工方案、设备监测方案等，由地铁公司组织审查，方案评审通过后，由施工单位与铁路管理部门签订《委托铁路安全监护配合合同》，由铁路运维相关单位负责过程监测。

1. 申请材料

（1）主体设计单位跨穿越铁路方案安全分析报告。

（2）第三方安全性评估报告。

（3）建设单位正式发函征询铁路局跨越意见。

2. 审查要点

（1）作业单位在地方铁路线路安全保护区内进行下列作业的：①建造建筑物、构筑物等设施；②取土、挖砂、挖沟、采空作业、打桩、基坑施工、地下顶进、架设、吊装、钻探、地基加固、堆放物品、悬挂物品。

（2）安全保护区的范围：由铁路安全监管部门或所在区政府依法划定并公告。

（3）已办理过地方铁路线路安全保护区作业方案备案的项目，若设计方案发生变更，需重新办理备案。

3. 法律、条例依据

（1）《中华人民共和国铁路法》（2015 年 4 月修正）第四十六条规定：在铁路线路上架设电力、通讯线路，埋置电缆、管道设施，穿凿通过铁路路基的地下坑道，必须经铁路运输企业同意，并采取安全防护措施。

（2）《上海市铁路安全管理条例》（2021 年 3 月 1 日起施行）第十六条规定：铁路线路两侧依法设立铁路线路安全保护区。铁路线路安全保护区的范围，从铁路线路路堤坡脚、路堑坡顶或者铁路桥梁（含铁路、道路两用桥，下同）外侧起向外的距离分别为：（一）城市市区高速铁路为十米，其他铁路为八米；（二）城市郊区居民居住区高速铁路为十二米，其他铁路为十米；（三）村镇居民居住区高速铁路为十五米，其他铁路为十二米；（四）其他地区高速铁路为二十米，其他铁路为十五米。铁路线路位于地下的，从地下车站、隧道外边线外侧起向外的五十米区域，纳入铁路线路安全保护区范围。

第十七条规定：在铁路线路安全保护区内建造建筑物、构筑物等设施，取土、挖砂、挖沟、采空作业、打桩、基坑施工、地下顶进、架设、吊装、钻探、地基加固、堆放物品、悬挂物品的，应当征得铁路运输企业或者铁路建设单位的同意并签订安全协议，遵守保证铁路安全的相关标准和施工安全规范，采取措施防止影响铁路运输安全。铁路运输企业或者铁路建设单位应当公布受理渠道、办理程序、相关条件和办结期限等内容。铁路运输企业或者铁路建设单位应当派员对施工现场实行安全监督。

在地方铁路线路安全保护区内进行前款活动的，作业单位还应当事先将作业方案报市交通管理部门备案。市交通管理部门可以组织有关部门、第三方机构和专家对作业方案进行技术评估，并将评估意见反馈作业单位和铁路运输企业或者铁路建设单位。

（3）《上海市交通委员会关于印发〈上海市地方铁路线路安全保护区管理规定〉的通知》（沪交行规〔2021〕4 号）第六条规定：地方铁路工程正在建设的，作业单位在地方铁路线路安全保护区内作业，应当向铁路建设单位提供相关资料，铁路建设单位应当围绕作业活动对铁路安全的影响进行安全技术论证。地方铁路已经投入运营的，作业单位在地方铁路线路安全保护区内作业，应当向铁路运输企业提供相关资料，铁路运输企业应当围绕作业活动对铁路安全的影响进行安全技术论证。铁路建设单位、铁路运输企业应当在网站或者办公场所公布受理渠道、办理程序、相关条件和办结期限等内容。

第七条规定：铁路建设单位或者铁路运输企业应当根据工程项目复杂程度自收到完整材料之日起三十个工作日内作出安全技术论证意见。需调整设计方案的项目，调整期间论证中止，待方案修改好后重新计算。涉及结合铁路项目建设或者结合铁路运营车站结构、附属结构改造的项目方案需要进行协调的，所需时间不计算在论证期限内。工程技术复杂、交叉节点较多的项目，可分阶段进行安全技术论证。

第八条规定：作业单位应当将作业方案报市交通委备案，备案时提供安全技术论证意见，市交通委出具已备案的相关文书。作业方案存在较大风险等情况的，市交通委可以组织有关部门、第三方机构和专家对其进行技术评估。市交通委应当自收到作业方案起十五个工作日内完成评估，并将技术评估意见反馈作业单位。

4. 作业注意点

（1）取得"跨（穿）越铁路设计方案审查意见"，施工单位与铁路管理部门对接，签订《委托铁路安全监护配合合同》。

（2）作业前，施工单位向铁路管理部门报备，并进行安全技术交底，对施工人员进行安全生产布置，并要有书面记录。

（3）施工期间，不得将任何物体置于原定施工区域以外。

（4）跨越区段的作业时间安排以批复的施工作业单为准。

（5）跨越施工时，施工负责人及时与铁路管理部门人员对接，确认安全措施完成后再施工。

五、临时使用绿地的许可

1. 申请材料

（1）临时使用绿地的行政许可事项申请表。

（2）苗木表。

（3）建设项目初设批复。

（4）建设工程规划许可证。

（5）权属人的意见（区属公共绿地除外）。

（6）电力接入工程施工总平面图。

（7）标明临时使用绿地位置的1∶500地形图。

2. 审查要点

（1）临时使用绿地的审批应符合下列条件：①市政工程、公共设施建设项目等市重大工程建设或者城市基础设施建设，确需在绿地上临时铺设管线、设置建设设施的；②在绿地下埋设管线、建设地下公共设施，确需开挖绿地的，要确保绿化种植条件，其上缘与绿地表面的垂直距离不小于 1.5m；③因地下公共设施建设，需要开挖绿地的，临时使用绿地的范围不得大于基坑开挖边线外 5m；④因城市道路或者公路等拓宽，需要设置临时便道，临时便道宽度不得大于原有路幅；⑤因建设项目需要开设临时通道，单向车行通道宽度不超过 6m，双向车行通道宽度不超过 10m；⑥因建筑物改建、维修，需要搭设脚手架，其范围距离建筑物外墙不应超过 2m，临时使用绿地应当尽可能保留胸径在 25cm 以上的树木，但杨树、构树、泡桐等速生树种除外，绿地开挖边线与绿地内保留的树木树干外缘的水平距离不小于 0.95m；⑦其他因城市建设确需临时使用绿地的。

3. 法律、条例依据

（1）《城市绿化条例》（2017 年 3 月修正）第二十条规定：任何单位和个人都不得擅自占用城市绿化用地；占用的城市绿化用地，应当限期归还。因建设或者其他特殊需要临时占用城市绿化用地，须经城市人民政府城市绿化行政主管部门同意，并按照有关规定办理临时用地手续。

（2）《上海市绿化条例》（2018 年 12 月修正），2007 年 1 月 17 日，上海市第十二届人民代表大会常务委员会第三十三次会议通过，根据 2015 年 7 月 23 日上海市第十四届人民代表大会常务委员会第二十二次会议《关于修改〈上海市绿化条例〉的决定》第一次修正，根据 2017 年 11 月 23 日上海市第十四届人民代表大会常务委员会第四十一次会议《关于修改本市部分地方性法规的决定》第二次修正，根据 2018 年 12 月 20 日上海市第十五届人民代表大会常务委员会第八次会议《关于修改〈上海市供水管理条例〉等九件地方性法规的决定》第三次修正。

第三十一条规定：因城市建设需要临时使用绿地的，应当向区、县绿化管理部门提出申请。区绿化管理部门应当自受理申请之日起十五个工作日内作出审批决定；不予批准的，应当书面说明理由。临时使用绿地期限一般不超过一年，确因建设需要延长的，应当办理延期手续，延期最长不超过一年。使用期限届满后，使用单位应当恢复绿地。临时使用绿地需要迁移树木的，使用单位应当在申请临时使用绿地时一并提出。临时使用公共绿地的，应当向市或者区绿化管理部门缴纳临时使用绿地补偿费。临时使用绿地补偿费应当上缴同级财政，并专门用于绿化建设、养护和管理。

六、临时占用城市道路许可

1. 申请材料

（1）上海市路政管理行政许可申请表。

（2）法定代表人、经办人身份证明。

2. 审查要点

（1）准予许可的条件：①因建设工程施工、沿街建筑物或构筑物维修，以及经市或区、县人民政府批准举办重大活动，确需临时占路；②尚未超出临时占路控制总量；③确属于临时占路；④该占路行为能确保车辆、行人通行及安全，不损坏道路及市政公用、交通等设施；⑤该占路行为可能影响交通安全的，需已征得公安交通管理部门同意。

（2）不予许可的情形：①申请人隐瞒有关情况或者提供虚假材料申请许可的；②行政许可申请事项属于直接影响公共安全、人身健康、生命财产安全事项的；③经审查，违反《行政许可法》《城市道路管理条例》《上海市城市道路管理条例》《上海市临时占用城市道路管理办法》及相关法律法规的规定或不符合市政工程技术标准的。

3. 法律、条例依据

《城市道路管理条例》（2019 年 3 月修订）第三十一条规定：因特殊情况需要临时占用城市道路的，须经市政工程行政主管部门和公安交通管理部门批准，方可按照规定占用。经批准临时占用城市道路的，不得损坏城市道路；占用期满后，应当及时清理占用现场，恢复城市道路原状；损坏城市道路的，应当修复或者给予赔偿。

七、道路夜间施工备案

1. 申报材料

（1）《城市道路和公路（含大中修、整治项目）、轨道交通类工程夜间施工作业备案申请表》。

（2）施工工地总平面布置图。

（3）施工进度计划表。

（4）夜间文明施工承诺书。

（5）施工许可证或掘路许可证。

（6）夜间施工谅解协议。

（7）占掘路施工交通安全意见书。

2. 审查要点

（1）准予备案的情形除抢险、抢修外，城市道路工程、管线工程确需在夜间22时至次日凌晨6时挖掘道路施工的。同一路段的城市道路和公路（含大中修、整治项目）、轨道交通施工工地连续夜间施工除遇有即将发生的灾害性天气外，原则上不得超过10天，两次获准的夜间施工之间必须有24h以上的间隔；同一路段施工工地夜间施工当月累计不得超过20天，由于特殊原因需要超过规定天数的，需递交道路所辖公安交通管理部门出具的相关证明材料。

（2）不予备案的情形有下列情形之一的，不符合城市道路和公路（含大中修、整治项目）、轨道交通工程夜间施工备案条件：①在城市噪声敏感建筑物集中区内，对施工时间较短，完全可以避开夜间施工的；②不符合备案要求的施工作业；③中高考期间或市政府规定的其他特殊时间段内的夜间施工申请；④申请材料存在虚假或缺漏的；⑤噪声污染防治措施不落实的；⑥获准夜间施工的当月内违反夜间施工备案材料中作出的承诺，并造成严重扰民的；⑦当月累计施工超过规定天数的。

3. 法律、条例依据

（1）《中华人民共和国噪声污染防治法》（2022年6月施行）第四十三条规定：在噪声敏感建筑物集中区域，禁止夜间进行产生噪声的建筑施工作业，但抢修、抢险施工作业，因生产工艺要求或者其他特殊需要必须连续施工作业的除外。因特殊需要必须连续施工作业的，应当取得地方人民政府住房和城乡建设、生态环境主管部门或者地方人民政府指定的部门的证明，并在施工现场显著位置公示或者以其他方式公告附近居民。

（2）《上海市建设工程文明施工管理规定》（2019年9月修改）第十九条第二款规定：除抢险、抢修外，城市道路工程、管线工程需要在夜间22时至次日凌晨6时施工的，施工单位应当事先向交通行政管理部门备案。

八、开工放样复验审批（管线工程）

1. 申请材料

（1）上海市开工放样复验（管线工程）申请表（新办）。

（2）建设基地全景照片、张贴规划许可公告牌的照片。

2. 审查要点

准予批准的条件：①按照建设工程规划许可证及附图等规划许可文件要求，

完成市政管线工程灰线放样，并委托具有测绘资质的测量单位完成开工放样检测报告；②建设工程尚未开工建设；③落实管线跟踪测量单位。

3. 法律、条例依据

《上海市城乡规划条例》（2018年12月修正）第四十二条规定：新建、改建、扩建建设项目现场放样后，建设单位或者个人应当按照规定通知规划行政管理部门复验，并报告开工日期。规划行政管理部门应当进行现场检查，经复验无误后，方可准予开工。规划行政管理部门应当在接到通知后的五个工作日内复验完毕。

九、深基坑工程设计方案论证

1. 申请材料

（1）规划设计方案批文/建设工程规划许可证。

（2）深基坑工程设计方案。

（3）地质详勘报告。

（4）周边房屋检测报告。

（5）建设单位委托函。

2. 审查要点

（1）根据建筑工程的特点制定相应的安全技术措施。

（2）达到一定危险性较大的分部分项工程编制专项施工方案，并附具安全验算结果。

（3）施工前，单独编制安全专项施工方案。

3. 法律、条例依据

（1）《中华人民共和国建筑法》（2019年4月修正）第三十八条规定：建筑施工企业在编制施工组织设计时，应当根据建筑工程的特点制定相应的安全技术措施；对专业性较强的工程项目，应当编制专项安全施工组织设计，并采取安全技术措施。

（2）《建设工程安全生产管理条例》（2004年2月施行）第二十六条规定：施工单位应当在施工组织设计中编制安全技术措施和施工现场临时用电方案，对下列达到一定规模的危险性较大的分部分项工程编制专项施工方案，并附具安全验算结果，经施工单位技术负责人、总监理工程师签字后实施，由专职安全生产管理人员进行现场监督：（一）基坑支护与降水工程；（二）土方开挖工程；（三）模板工程；（四）起重吊装工程；（五）脚手架工程；（六）拆除、爆破工程；（七）国务院建设行政主管部门或者其他有关部门规定的其他危险性较大的工程。对前款所列工程中涉及深基坑、地下暗挖工程、高大模板工程的专项施工方案，施工单位还应当组织专家进行论证、审查。本条第一款规定的达到一定规模的危险性较大工程的标准，由国务院建设行政主管部门会同国务院其他有关部门制定。

（3）《危险性较大工程安全专项施工方案编制及专家论证审查办法》（2004年12月施行）第三条规定：危险性较大工程是指依据《建设工程安全生产管理条例》第二十六条所指的七项分部分项工程，并应当在施工前单独编制安全专项施工方案。（一）基坑支护与降水工程：基坑支护工程是指开挖深度超过5m（含5m）的基坑（槽）并采用支护结构施工的工程；或基坑虽未超过5m，但地质条件和周围环境复杂、地下水位在坑底以上等工程。

第五条规定：建筑施工企业应当组织专家组进行论证审查的工程，（一）深基坑工程，开挖深度超过5m（含5m）或地下室三层以上（含三层），或深度虽未超过5m（含5m），但地质条件和周围环境及地下管线极其复杂的工程。

十、建筑工程施工许可证（隧道工程）

1. 申请材料
（1）施工许可申请表（本次申请范围）。
（2）开挖路段所属管理部门同意开挖道路的许可说明或者意见。
（3）建设工程规划许可证。
（4）申领建筑工程施工许可的相关承诺书。
（5）《上海市建筑工程现场质量安全措施落实保证书》。
2. 审查要点
新办的准予批准条件：①依法应当办理用地批准手续的已办理；②依法应当办理建设工程规划许可证手续的已办理；③施工场地已经基本具备施工条件，需要征收房屋的，其进度符合施工要求，有保证工程质量和安全的具体措施；④依法已确定施工企业，按照规定应当招标的建筑工程没有招标，应当公开招标的工程没有公开招标，或者肢解发包工程，以及将建筑工程发包给不具备相应资质条件的企业的，所确定的施工企业无效，按照规定应当委托监理的建筑工程已委托监理，相应的勘察、设计、施工、监理合同应当完成信息报送；⑤有满足施工需要的技术资料，依法应当进行施工图设计文件审查的已按规定审查合格；⑥建设资金已经落实。建设单位应当提供建设资金已经落实承诺书。政府投资工程按财政部门支付要求落实资金。

3. 法律、条例依据

(1)《中华人民共和国建筑法》(国务院令第 46 号)第二章第一节第七条规定：建筑工程开工前，建设单位应当按照国家有关规定向工程所在地县级以上人民政府建设行政主管部门申请领取施工许可证；但是，国务院建设行政主管部门确定的限额以下的小型工程除外。按照国务院规定的权限和程序批准开工报告的建筑工程，不再领取施工许可证。

(2)《建筑工程施工许可管理办法》(2018 年 9 月修正)。

(3)《上海市建筑市场管理条例》(上海市人民代表大会常务委员会公告第 16 号)第二章第十三条规定：建设工程开工应当按照国家有关规定，取得施工许可。未经施工许可的建设工程不得开工。除保密工程外，施工单位应当在施工现场的显著位置向社会公示建设工程施工许可文件的编号、工程名称、建设地址、建设规模、建设单位、设计单位、施工单位、监理单位、合同工期、项目经理等事项。

(4)《上海市建筑工程施工许可管理实施细则》(沪建管〔2015〕377 号)第二条规定：本市行政区域内工程总投资在 100 万元及以上的房屋建筑工程及其附属设施、市政基础设施工程、房屋装修装饰工程，建设单位在开工前应当依照本实施细则和本市建设工程分级管理原则，向市、区建设行政管理部门或实行委托管理的特定区域管委会申请领取施工许可证。

(5)《上海市住房和城乡建设管理委员会关于进一步优化全市建筑工程施工许可审批和推行电子证照的通知》(沪建建管〔2018〕150 号)第一条规定：自 2018 年 4 月 1 日起，在本市范围内实行建筑工程施工许可证电子证照。第三条规定：自 2018 年 4 月 1 日起，取消本市范围内建筑工程施工许可证核发前的现场安全质量措施审核和工伤保险费用缴纳，调整为告知承诺和核发后的事后监管。

十一、跨越、穿越公路用地范围内的电缆敷设的许可

1. 申请材料

(1)上海市路政管理行政许可申请表。

(2)法定代表人、经办人身份证明、建设单位营业执照或法人代码证。

(3)项目立项批复。

(4)施工方案。

(5)建设工程规划许可证。

(6)占掘路施工交通安全意见书。

(7)行政许可告知承诺书。

2．审查要点

（1）准予许可的条件：①确因修建铁路、机场、电站、通信设施、水利工程和其他建设工程需要；②符合公路的规划远景发展和公路工程技术标准的要求；③采取有效的安全防护措施；④按照不低于该段公路原有技术标准，予以修复、改建或者给予相应的经济补偿；⑤对公路、公路附属设施的质量和安全可能造成重大影响的，应当实施涉路施工质量和安全技术评价；⑥其他法律法规规定的条件。

（2）不予许可的情形：①申请人隐瞒有关情况或者提供虚假材料申请许可的；②经审查，违反《中华人民共和国公路法》《公路安全保护条例》及相关法律法规的规定或不符合公路工程技术标准的。

3．法律、条例依据

（1）《中华人民共和国公路法》（2017年11月修正）第四十五条规定：跨越、穿越公路修建桥梁、渡槽或者架设、埋设管线等设施的，以及在公路用地范围内架设、埋设管线、电缆等设施的，应当事先经有关交通主管部门同意，影响交通安全的，还须征得有关公安机关的同意；所修建、架设或者埋设的设施应当符合公路工程技术标准的要求。对公路造成损坏的，应当按照损坏程度给予补偿。

（2）《公路安全保护条例》（中华人民共和国国务院令第593号）第二十七条第二款规定：进行下列涉路施工活动，建设单位应当向公路管理机构提出申请，（二）跨越、穿越公路修建桥梁、渡槽或者架设、埋设管道、电缆等设施。

（3）《上海市公路管理条例》（2020年9月修正）第四十条第一款规定：跨越、穿越公路修建桥梁或者架设、埋设管线等设施的，以及在公路用地范围内架设、埋设管线、电缆等设施的，应当事先经市道路运输行政管理部门或区交通行政管理部门同意；影响交通安全的，还须征得公安交通管理部门的同意。

第五节　工程专项验收

一、建设工程消防验收备案

1．申请材料

（1）建设工程消防验收备案表。

（2）建设工程竣工验收报告（消防）。

（3）消防设施检测合格证明文件（如有）。

（4）施工许可证或开工报告。

（5）消防设计审查意见。

（6）消防产品清单和有防火性能要求的建筑构件、建筑材料、装修材料、保温材料清单。

（7）涉及消防的建设工程电子竣工图。

（8）其他需要提供资料。

2．审查要点

（1）完成工程消防设计和合同约定的消防各项内容。

（2）有完整的工程消防技术档案和施工管理资料（含涉及消防的建筑材料、建筑构配件和设备的进场试验报告）。

（3）建设单位对工程涉及消防的各分部分项工程验收合格；施工、设计、工程监理、技术服务等单位确认工程消防质量符合有关标准。

（4）消防设施性能、系统功能联调联试等内容检测合格。

3．法律、条例依据

（1）《中华人民共和国消防法》（2021年4月修正）第十三条规定：国务院住房和城乡建设主管部门规定应当申请消防验收的建设工程竣工，建设单位应当向住房和城乡建设主管部门申请消防验收。依法应当进行消防验收的建设工程，未经消防验收或者消防验收不合格的，禁止投入使用；其他建设工程经依法抽查不合格的，应当停止使用。

（2）《建设工程消防设计审查验收管理暂行规定》（2023年8月修正）第二十七条规定：对特殊建设工程实行消防验收制度。特殊建设工程竣工验收后，建设单位应当向消防设计审查验收主管部门申请消防验收；未经消防验收或者消防验收不合格的，禁止投入使用。

第二十八条规定：建设单位组织竣工验收时，应当对建设工程是否符合下列要求进行查验：（一）完成工程消防设计和合同约定的消防各项内容；（二）有完整的工程消防技术档案和施工管理资料（含涉及消防的建筑材料、建筑构配件和设备的进场试验报告）；（三）建设单位对工程涉及消防的各分部分项工程验收合格；施工、设计、工程监理、技术服务等单位确认工程消防质量符合有关标准；（四）消防设施性能、系统功能联调联试等内容检测合格。

第三十条规定：消防设计审查验收主管部门受理消防验收申请后，应当按照国家有关规定，对特殊建设工程进行现场评定。现场评定包括对建筑物防（灭）火设施的外观进行现场抽样查看；通过专业仪器设备对涉及距离、高度、宽度、长度、面积、厚度等可测量的指标进行现场抽样测量；对消防设施的功能进行抽样测试、联调联试消防设施的系统功能等内容。

第三十一条规定：消防设计审查验收主管部门应当自受理消防验收申请之日起 15 日内出具消防验收意见。对符合下列条件的，应当出具消防验收合格意见：（一）申请材料齐全、符合法定形式；（二）工程竣工验收报告内容完备；（三）涉及消防的建设工程竣工图纸与经审查合格的消防设计文件相符；（四）现场评定结论合格。对不符合前款规定条件的，消防设计审查验收主管部门应当出具消防验收不合格意见，并说明理由。

（3）《上海市住房和城乡建设管理委员会关于印发〈上海市建设工程竣工验收消防查验表（2023 版）的通知》（沪建质安〔2023〕689 号）规定：一、建设工程竣工验收消防查验（以下简称消防查验）是指建设工程组织竣工验收时，由建设单位组织设计、施工、工程监理、技术服务等单位，对建设工程是否符合住建部《建设工程消防设计审查验收管理暂行规定》（住建部令第 58 号）和《上海市建设工程消防设计审查验收管理办法》（沪住建规范〔2023〕18 号）的相关要求进行查验。三、建设单位可以委托具备相应能力的技术服务机构开展消防查验；开展消防查验的技术服务机构不得与工程设计、施工、工程监理单位有利害关系。四、建设单位在消防查验合格后方可编制工程竣工验收报告；建设单位向本市建设管理部门或特定地区管委会申请消防验收或备案时，提交的工程竣工验收报告中应包括消防查验报告（含"上海市建设工程竣工验收消防查验表"）。五、建设单位在实施消防查验前，应编制查验方案。

二、防雷装置竣工验收

1. 申请材料

（1）上海市防雷装置竣工验收申请表（回执）。

（2）防雷装置竣工图。

（3）防雷产品出厂合格证、安装记录。

2. 审查要点

（1）提交的申请材料真实、合法。

（2）安装的防雷装置符合国家有关标准和国务院气象主管机构规定的使用要求。

（3）安装的防雷装置按照经核准的施工图施工完成。

3. 法律、条例依据

《气象灾害防御条例》（国务院令第 687 号修订）第二十三条规定：油库、气库、弹药库、化学品仓库和烟花爆竹、石化等易燃易爆建设工程和场所，雷电易发区内的矿区、旅游景点或者投入使用的建（构）筑物、设施等需要单独安装雷电防护装置的场所，以及雷电风险高且没有防雷标准规范、需要进行特殊论证的大型项目，其雷电防护装置的设计审核和竣工验收由县级以上地方气象主管机构负责。未经设计审核或者设计审核不合格的，不得施工；未经竣工验收或者竣工验收不合格的，不得交付使用。

三、城建档案接收

1. 申请材料

（1）工程建设项目竣工档案报送申请表。

（2）一套竣工档案。

2. 审查要点

档案符合归档要求，移交文书齐全。

3. 法律、条例依据

（1）《中华人民共和国城乡规划法》（2019 年 4 月修正）第四十五条规定：建设单位应当在竣工验收后六个月内向城乡规划主管部门报送有关竣工验收资料。

（2）《城市建设档案管理规定》（2019 年 3 月修正）第五条规定：城建档案馆重点管理下列档案资料，（一）各类城市建设工程档案。

（3）《上海市城乡规划条例》（2018 年 12 月修正）第四十四条规定：建设工程竣工验收后六个月内，建设单位或者个人应当按照规定向市或区、县规划行政管理部门无偿报送有关建设工程竣工资料。建设工程竣工资料的编制，应当符合国家和本市城市建设档案管理的有关规定。

（4）《上海市档案条例》（2021 年 12 月修订）第二十条规定：机关、团体、企业事业单位和其他组织应当加强建设项目档案、科学技术研究档案、设备仪器档案、产品档案等科技档案的收集、整理和归档，按照规定进行档案验收、鉴定，并向有关档案馆或者单位移交档案。

（5）《上海市城市建设档案管理暂行办法》（2010 年 12 月上海市人民政府令第 52 号）第六条规定：市城建档案馆是本市城建档案的存储中心。市城建档案馆的基本任务是：收集和保管本市重要的城建档案，并参加重要项目的竣工验收。

四、建设项目配套绿化验收

1. 申请材料

（1）对建设项目配套绿化竣工验收申请表。

（2）建设项目配套绿化方案的审核意见。

（3）绿化竣工图。

（4）测绘成果报告书。

（5）园林绿化工程质量监督报告。

2. 审查要点

准予批准的条件：①符合核发的建设项目配套绿化审核意见的；②配套绿化工程的设计、施工、监理，应当符合国家和本市有关设计、施工、监理的技术标准和规范，并由具有相应资质的单位承担；③配套绿化工程获得园林绿化工程质量监督报告的；④绿化面积经有资质测绘单位测绘的；⑤盖有竣工图章的绿化竣工图。

3. 法律、条例依据

《上海市绿化条例》（2018 年 12 月修正），2007 年 1 月 17 日，上海市第十二届人民代表大会常务委员会第三十三次会议通过，根据 2015 年 7 月 23 日上海市第十四届人民代表大会常务委员会第二十二次会议《关于修改〈上海市绿化条例〉的决定》第一次修正，根据 2017 年 11 月 23 日上海市第十四届人民代表大会常务委员会第四十一次会议《关于修改本市部分地方性法规的决定》第二次修正，根据 2018 年 12 月 20 日上海市第十五届人民代表大会常务委员会第八次会议《关于修改〈上海市供水管理条例〉等 9 件地方性法规的决定》第三次修正。

第二十二条规定：含有配套绿化、立体绿化的建设项目，组织该建设项目竣工验收的单位，应当通知市或者区、县绿化管理部门参加验收。

五、建设项目竣工规划验收（建筑工程）

1. 申请材料

（1）上海市建设项目竣工规划资源验收（房屋建筑工程）申请表（新办）。

（2）《上海市建设工程"多测合一"成果报告书》（竣工阶段）。

（3）建设项目竣工总平面图。

（4）建设单体竣工图（平、立、剖面图）。

（5）工程建设项目竣工档案限时办理归档承诺书。

（6）土地出让金交款凭证（非税收入一般缴款书）。

（7）建设工程规划许可证及附件、附图。

2. 审查要点

建筑类项目申请竣工规划验收：①按照《建设工程规划许可证》及附图等规划文件要求，全面完成基地内建筑、道路、绿化、公共设施等各项建设，并委托具有测绘资质证书的测量单位完成建设工程竣工测绘；②按照《上海市城乡规划条例》规定，拆除建设基地内临时建筑和不准予保留的旧建筑；③按照《上海市地名管理条例》及《地名批准书》要求设置地名标志；④按照城建档案管理部门要求完成建设工程档案编制；⑤工程竣工图（即施工图平面、立体、剖面图）与经审查合格的施工图设计图纸相一致。

3. 法律、条例依据

（1）《中华人民共和国城乡规划法》（2019年4月修正）第四十五条规定：县级以上地方人民政府城乡规划主管部门按照国务院规定对建设工程是否符合规划条件予以核实。未经核实或者经核实不符合规划条件的，建设单位不得组织竣工验收。建设单位应当在竣工验收后六个月内向城乡规划主管部门报送有关竣工验收资料。

（2）《上海市城乡规划条例》（2018年12月修正）第四十三条规定：建设单位或者个人完成基地内建筑、道路、绿化、公共设施等建设后，应当向规划行政管理部门提交竣工图和竣工测绘报告等资料，申请竣工规划验收。

（3）国务院《关于促进节约集约用地的通知》（国发〔2008〕3号2008年1月8日公布）第二十条规定：完善建设项目竣工验收制度。要将建设项目依法用地和履行土地出让合同、划拨决定书的情况，作为建设项目竣工验收的一项内容。

（4）《上海市地下空间规划建设条例》（2014年4月1日起施行）第二十七条规定：地下建设工程竣工规划验收前，建设单位应当提请城建档案管理机构对地下建设工程档案进行专项预验收。

（5）《城市建设档案管理规定》（2001年7月修正）第八条规定：列入城建档案馆档案接收范围的工程，城建档案管理机构按照建设工程竣工联合验收的规定对工程档案进行验收。

六、建设项目竣工规划验收（管线工程）

1. 申请材料

上海市建设项目竣工规划资源验收（管线工程）申请表。

2. 审查要点

本审批事项准予批准的条件：①建设单位（或个人）遗失或损毁《建设工程竣工规划验收合格证》情况属实；②申请补发《建设工程竣工规划验收合格证》，系属于本规划行政管理部门负责审批的建设项目。

3. 法律、条例依据

（1）《中华人民共和国城乡规划法》（2019 年 4 月修正）第四十五条规定：县级以上地方人民政府城乡规划主管部门按照国务院规定对建设工程是否符合规划条件予以核实。未经核实或者经核实不符合规划条件的，建设单位不得组织竣工验收。建设单位应当在竣工验收后六个月内向城乡规划主管部门报送有关竣工验收资料。

（2）《上海市城乡规划条例》（2018 年 12 月修正）第四十三条规定：建设单位或者个人完成基地内建筑、道路、绿化、公共设施等建设后，应当向规划行政管理部门提交竣工图和竣工测绘报告等资料，申请竣工规划验收。

（3）国务院《关于促进节约集约用地的通知》（国发〔2008〕3 号）第二十条规定：完善建设项目竣工验收制度。要将建设项目依法用地和履行土地出让合同、划拨决定书的情况，作为建设项目竣工验收的一项内容。

（4）《上海市地下空间规划建设条例》（2014 年 4 月 1 日起施行）第二十七条规定：地下建设工程竣工规划验收前，建设单位应当提请城建档案管理机构对地下建设工程档案进行专项预验收。

（5）《城市建设档案管理规定》（2001 年 7 月修正）第八条规定：列入城建档案馆档案接收范围的工程，城建档案管理机构按照建设工程竣工联合验收的规定对工程档案进行验收。

七、建设项目竣工规划验收（线性工程）

1. 申请材料

（1）上海市建设项目竣工规划资源验收（线性工程）申请表。

（2）工程竣工图纸。

（3）《上海市建设工程"多测合一"成果报告书》（竣工阶段）。

（4）工程建设项目竣工档案限时办理归档承诺书。

（5）建设工程规划许可证及附件、附图。

2．审查要点

准予批准的条件：①按照《建设工程规划许可证》及附图等规划文件要求，全面完成市政交通工程，并委托具有测绘资质证书的测量单位完成建设工程测绘；②按照《上海市城乡规划条例》规定，拆除建设基地内临时建筑和不准予保留的旧建筑；③按照《上海市地名管理条例》及《地名批准书》要求设置地名标志；④按照城建档案管理部门要求完成建设工程档案编制；⑤工程竣工图（即施工图平面、立体、剖面图）与经审查合格的施工图设计图纸相一致。

3．法律、条例依据

（1）《中华人民共和国城乡规划法》（2019 年 4 月修正）第四十五条规定：县级以上地方人民政府城乡规划主管部门按照国务院规定对建设工程是否符合规划条件予以核实。未经核实或者经核实不符合规划条件的，建设单位不得组织竣工验收。建设单位应当在竣工验收后六个月内向城乡规划主管部门报送有关竣工验收资料。

（2）《上海市城乡规划条例》（2018 年 12 月修正）第四十三条规定：建设单位或者个人完成基地内建筑、道路、绿化、公共设施等建设后，应当向规划行政管理部门提交竣工图和竣工测绘报告等资料，申请竣工规划验收。

（3）国务院《关于促进节约集约用地的通知》（国发〔2008〕3 号）第二十条规定：完善建设项目竣工验收制度。要将建设项目依法用地和履行土地出让合同、划拨决定书的情况，作为建设项目竣工验收的一项内容。

（4）《上海市地下空间规划建设条例》（2014 年 4 月 1 日起施行）第二十七条规定：地下建设工程竣工规划验收前，建设单位应当提请城建档案管理机构对地下建设工程档案进行专项预验收。

（5）《城市建设档案管理规定》（2001 年 7 月修正）第八条规定：列入城建档案馆档案接收范围的工程，城建档案管理机构按照建设工程竣工联合验收的规定对工程档案进行验收。

八、建设工程竣工验收备案

1．申请材料

（1）上海市建设工程竣工验收备案申请表。

（2）建设工程竣工验收报告。

（3）《上海市工程建设项目竣规划资源验收合格证》。

（4）对大型的人员密集场合所和其他特殊建设工程验收合格的证明文件。

（5）民防专项验收意见。

2. **审查要点**

（1）建设项目通过竣工验收合格，自工程竣工验收合格之日起 15 日内。

（2）建设项目通过规划、消防等部门竣工验收。

（3）工程质量监督机构应当在工程竣工验收之日起 5 日内，向备案机关提交工程质量监督报告。

3. **法律、条例依据**

（1）《中华人民共和国建筑法》（国务院令第 46 号）第二条规定：在中华人民共和国境内从事建筑活动，实施对建筑活动的监督管理，应当遵守本法。本法所称建筑活动，是指各类房屋建筑及其附属设施的建造和与其配套的线路、管道、设备的安装活动。

第六十一条规定：交付竣工验收的建筑工程，必须符合规定的建筑工程质量标准，有完整的工程技术经济资料和经签署的工程保修书，并具备国家规定的其他竣工条件。建筑工程竣工经验收合格后，方可交付使用；未经验收或者验收不合格的，不得交付使用。

（2）《建设工程质量管理条例》（国务院令第 279 号）第四十九条规定：建设单位应当自建设工程竣工验收合格之日起 15 日内，将建设工程竣工验收报告和规划、公安消防、环保等部门出具的认可文件或者准许使用文件报建设行政主管部门或者其他有关部门备案。建设行政主管部门或者其他有关部门发现建设单位在竣工验收过程中有违反国家有关建设工程质量管理规定行为的，责令停止使用，重新组织竣工验收。

（3）《房屋建筑和市政基础设施工程竣工验收备案管理办法》（建设部令第 2 号）。

（4）《上海市住房和城乡建设管理委员会关于在本市启用〈建筑工程综合竣工验收合格通知书〉的通知》（沪建建管〔2019〕222 号）。

九、不动产房屋登记

1. **申请材料**

（1）不动产权属调查报告（房屋）。

（2）地籍图。

（3）记载建设用地使用权状况的不动产权证书。

（4）建设工程规划许可证（附建筑工程项目表、建筑工程总平面图附图）。

（5）竣工验收证明（建设工程竣工规划验收合格证、建设用地核验合格证明）。

（6）竣工验收证明（建设工程竣工验收备案证明）。

（7）公安部门出具的编制门牌号批复。

（8）区县房管部门出具的公益性公共服务设施的证明文件。

（9）民防建设工程竣工验收备案。

2．审查要点

当事人和不动产权利人按照《上海市不动产登记技术规定》等规定提交申请登记文件，登记机构按规定审核通过的，即予登记。

3．法律、条例依据

（1）《中华人民共和国民法典》（2021年1月1日起施行）第二百一十条规定：不动产登记，由不动产所在地的登记机构办理。国家对不动产实行统一登记制度。统一登记的范围、登记机构和登记办法，由法律、行政法规规定。

（2）《不动产登记暂行条例》（国务院令第656号）第三条规定：不动产首次登记、变更登记、转移登记、注销登记、更正登记、异议登记、预告登记、查封登记等，适用本条例。

第四条规定：国家实行不动产统一登记制度。

第六条规定：国务院国土资源主管部门负责指导、监督全国不动产登记工作。县级以上地方人民政府应当确定一个部门为本行政区域的不动产登记机构，负责不动产登记工作，并接受上级人民政府不动产登记主管部门的指导、监督。

第五条规定：下列不动产权利，依照本条例的规定办理登记：（一）集体土地所有权；（二）房屋等建筑物、构筑物所有权；（三）森林、林木所有权；（四）耕地、林地、草地等土地承包经营权；（五）建设用地使用权；（六）宅基地使用权；（七）海域使用权；（八）地役权；（九）抵押权；（十）法律规定需要登记的其他不动产权利。

第七条规定：不动产登记由不动产所在地的县级人民政府不动产等机构办理；直辖市、社区的市人民政府可以确定本级不动产登记机构统一办理所属各区的不动产登记。

十、环境保护验收备案

1. 申请材料

（1）建设项目立项批复（或项目核准文件）。

（2）项目初设批复。

（3）环评报告及批复。

（4）设计和施工资料。

（5）竣工资料。

（6）非重大变动环境影响分析报告。

（7）环境保护验收监测报告。

（8）环保措施落实情况报告。

（9）竣工环保验收调查报告表。

（10）验收评审意见。

2. 审查要点

验收监测报告或者验收调查报告应根据《建设项目竣工环境保护验收技术规范　输变电工程》（HJ 705—2020）编制，验收报告编制完成后 5 个工作日内，公开验收报告，公示的期限不得少于 20 个工作日。

3. 法律、条例依据

（1）《中华人民共和国环境保护法》（2014 年 4 月修订）第四十一条规定：建设项目中防治污染的设施，应当与主体工程同时设计、同时施工、同时投产使用。防治污染的设施应当符合经批准的环境影响评价文件的要求，不得擅自拆除或者闲置。

（2）《建设项目环境保护管理条例》（2017 年 7 月修订）第十七条规定：编制环境影响报告书、环境影响报告表的建设项目竣工后，建设单位应当按照国务院环境保护行政主管部门规定的标准和程序，对配套建设的环境保护设施进行验收，编制验收报告。建设单位在环境保护设施验收过程中，应当如实查验、监测、记载建设项目环境保护设施的建设和调试情况，不得弄虚作假。除按照国家规定需要保密的情形外，建设单位应当依法向社会公开验收报告。

（3）《建设项目竣工环境保护验收暂行办法》（国环规环评〔2017〕4 号）第五条规定：建设项目竣工后，建设单位应当如实查验、监测、记载建设项目环境保护设施的建设和调试情况，编制验收监测（调查）报告。

第六条规定：需要对建设项目配套建设的环境保护设施进行调试的，建设单位应当确保调试期间污染物排放符合国家和地方有关污染物排放标准和排污许可等相关管理规定。

第七条规定：验收监测（调查）报告编制完成后，建设单位应当根据验收监测（调查）报告结论，逐一检查是否存在本办法第八条所列验收不合格的情形，提出验收意见。存在问题的，建设单位应当进行整改，整改完成后方可提出验收意见。

十一、水土保持验收备案

1. 申请材料

（1）建设项目立项批复（或项目核准文件）。

（2）项目初设批复。

（3）水土保持方案及批复。

（4）设计和施工资料。

（5）竣工资料。

（6）水土保持监测总结报告。

（7）水土保持设施验收报告。

（8）水土保持监理总结报告。

（9）水土保持设施验收技术审评意见。

（10）水土保持设施验收鉴定书。

2. 审查要点

工程竣工后，由建设单位组织特邀专家及水土保持方案编制、监理、监测、施工和验收报告编制单位的代表组成验收组，对项目水土保持设施进行验收。建设单位在水土保持公示网上将项目《水土保持设施验收报告》《水土保持设施验收鉴定书》《水土保持监测总结报告》予以公示。

3. 法律、条例依据

（1）《中华人民共和国水土保持法》（2010年12月修订）第二十七条规定：依法应当编制水土保持方案的生产建设项目中的水土保持设施，应当与主体工程同时设计、同时施工、同时投产使用；生产建设项目竣工验收，应当验收水土保持设施；水土保持设施未经验收或者验收不合格的，生产建设项目不得投产使用。

（2）《中华人民共和国水土保持法实施条例》（2011年1月修订）第十四条规定：在山区、丘陵区、风沙区修建铁路、公路、水工程，开办矿山企业、电力企业和其他大中型工业企业，其环境影响报告书中的水土保持方案，必须先经水行政主管部门审查同意。建设工程中的水土保持设施竣工验收，应当有水行政主管部门参加并签署意见。水土保持设施经验收不合格的，建设工程不得投产使用。

（3）《国务院关于取消一批行政许可事项的决定》（国发〔2017〕46号）规定：取消了各级水行政主管部门实施的生产建设项目水土保持设施验收审批行政许可事项，转为生产建设单位按照有关要求自主开展水土保持设施验收。

（4）《水利部关于加强事中事后监管规范生产建设项目水土保持设施自主验收的通知》（水保〔2017〕365号）规定：（一）组织第三方机构编制水土保持设施验收报告。依法编制水土保持方案报告书的生产建设项目投产使用前，生产建设单位应当根据水土保持方案及其审批决定等，组织第三方机构编制水土保持设施验收报告。（二）明确验收结论。水土保持设施验收报告编制完成后，生产建设单位应当按照水土保持法律法规、标准规范、水土保持方案及其审批决定、水土保持后续设计等，组织水土保持设施验收工作，形成水土保持设施验收鉴定书，明确水土保持设施验收合格的结论。（三）公开验收情况。除按照国家规定需要保密的情形外，生产建设单位应当在水土保持设施验收合格后，通过其官方网站或者其他便于公众知悉的方式向社会公开水土保持设施验收鉴定书、水土保持设施验收报告和水土保持监测总结报告。（四）报备验收材料。生产建设单位应在向社会公开水土保持设施验收材料后、生产建设项目投产使用前，向水土保持方案审批机关报备水土保持设施验收材料。

（5）《生产建设项目水土保持监督管理办法》（水利部办公厅2019年7月30日印发）第六条规定：生产建设项目水土保持设施验收一般应当按照编制验收报告、组织竣工验收、公开验收情况、报备验收材料的程序开展。

第八条规定：生产建设单位应当在水土保持设施验收合格后，及时在其官方网站或者其他公众知悉的网站公示水土保持设施验收材料，公示时间不得少于20个工作日。对于公众反映的主要问题和意见，生产建设单位应当及时给予处理或者回应。

第九条规定：生产建设单位应当在水土保持设施验收通过3个月内，向审批水土保持方案的水行政主管部门或者水土保持方案审批机关的同级水行政主管部门报备水土保持设施验收材料。

第二章　高质量发展　工程前期新形势

第一节　上海市电网建设新政策的解读

一、修订背景

《上海市电网建设若干规定》自 2013 年 7 月实施以来，对缓解上海市电网设施规划难、落地难、实施难发挥了积极的作用，推动上海市电网建设步入了快车道。一是形成了规划、计划、项目三级管理机制，从源头提升电网项目决策水平。二是缓解了电力设施选址、选线、用地等多难问题，助力电网规划落地实施。三是形成了市、区、电力企业三级推进机制，加强对电网项目建设的协调。

"十四五"是上海市电网大发展关键时期，电网建设还面临许多挑战：一是电网建设任务更加繁重。"双碳"目标下的新型电力系统建设需要构建智慧、灵活、坚强的城市电网。二是电网项目建设仍面临许多瓶颈，特别是在项目规划落地、指标落实和建设实施等方面难度较大。三是对电力营商环境改革提出更高要求。电力接入效率水平成为营商环境评价的重要内容，电网接入收费机制也发生了较大变化。实现电力先行的工作目标，需要进一步提高电力接入工程的审批效率。因此，需尽快修订《上海市电网建设若干规定》（简称《若干规定》），以营造更好的氛围环境，更好地推进全市电网加快建设。

根据上海市政府工作要求，上海市发展和改革委员会、上海市规划和自然资源局、上海市住房和城乡建设管理委员会、上海市经济和信息化委员会、上海市公安局、上海市交通委员会、上海市生态环境局、上海市水务局、上海市绿化和市容管理局、上海市房屋管理局、上海市相关区政府和国网上海市电力公司等单位开展了《上海市电网建设若干规定》（沪府发〔2013〕42 号，2018 年有效期延长 5 年）修订工作。

2023 年，上海市人民政府正式印发关于《若干规定》的通知。

二、修订原文

2023 年新修订的《上海市电网建设若干规定》原文如下：

第一条（目的和依据）

为加快本市电网建设，加快构建新型电力系统，提高电网供电能力和安全可靠性，保障经济社会持续发展和人民群众生产生活用电需要，进一步优化电力接入营商环境，根据《中华人民共和国电力法》等法律法规，结合本市实际，制定本规定。

第二条（适用范围）

本规定适用于本市行政区域范围内电网的规划、建设和相关管理活动。

第三条（政府职责）

市发展改革部门负责组织编制本市电网建设规划和年度计划，统筹协调推进全市电网建设。

市、区政府和相关管委会应当把电网纳入市政基础设施体系，优先落实建设条件，确保电网建设稳步推进。各区政府和相关管委会按照属地管理的原则，建立健全长效保障机制，加强对本辖区内电网建设推进工作的领导和支持，组织协调推进本辖区内的电网建设。

市规划资源、住房城乡建设管理、经济信息化、交通、生态环境、房屋管理、卫生健康、绿化市容、水务、公安等部门应当按照各自职责协同实施本规定。

第四条（电网企业责任）

电网企业应当按照要求落实电网建设资金，严格执行国家和本市的电力、生态环境、水保、消防、卫生等相关技术标准，并按照电源项目与配套电网项目同步规划、同步建设、同步投产的要求，依法组织实施电源项目的接入系统建设。

第五条（电网建设规划）

市发展改革部门应当会同市规划资源部门组织编制本市电网建设规划，按照程序报批后，纳入相应的国土空间规划。本市电网建设规划应当符合本市国民经济和社会发展规划，与其他市级专项规划相协调，与国家电网规划相衔接。

市规划资源部门应当结合电网建设规划，对必须进行规划控制的变电站（包括进站通道）、输电线路通道（包括电力架空线走廊和电缆通道）等设施用地划定规划控制界线，明确相关要求。

严禁任何单位和个人非法占用经依法批准并公布的国土空间规划确定的供电设施用地、输电线路通道。未经批准，任何单位和个人不得擅自调整电网建设规划。

第六条（电网建设年度计划）

市发展改革部门应当组织编制本市电网建设年度计划，作为电网企业实施电网建设、各有关职能部门履行行政审批职责的工作依据。

列入年度计划的电网建设项目，由规划资源、水务、绿化市容、房屋管理等部门按照市、区分工，统筹落实电网项目建设涉及的新增建设用地、征收安置房源、水系占补平衡、林地占补平衡、绿地占补平衡、工程渣土消纳等资源性指标。

按照规定程序，将 220 千伏及以上的电网建设项目优先考虑列入市重大工程计划，110 千伏、35 千伏及配电网升级改造专项工程等电网建设项目优先考虑列入区重大工程计划，并依法适用本市相关支持政策。市、区重大工程电力接入配套项目与主体项目依法适用本市相同支持政策。

第七条（项目核准）

依法应当报国务院投资主管部门核准的电网建设项目，按照国家有关规定，办理申请核准手续；依法应当报市、区发展改革部门及相关管委会核准的电网建设项目，按照《上海市企业投资项目核准管理办法》，办理申请核准手续。10 千伏及以下电网项目、配电网升级改造项目、用户接入工程配套公共电网项目等具备条件的，可简化核准程序。

在输电线路通道或者变电站站址范围内实施现有输变电设施增容或者改建、扩建的项目，项目核准部门可征询有关部门意见，加快电网项目前期工作。

市发展改革部门应当会同市规划资源等部门简化、优化电网建设有关程序，加快电网项目建设。

第八条（预留电力线路通道）

本市新建、改建、扩建道路、桥梁、隧道等市政基础设施时，应当结合电网建设规划，预留输电线路通道，其建设资金来源按照有关规定执行。

需要在市政基础设施建筑结构中预留电力线路通道的，电网企业可在市政基础设施规划和项目审批过程中提出论证建议。预留通道的电力线路电压等级或者容量在现行行业标准中没有明确规定的，由市发展改革部门会同市规划资源、住房城乡建设管理、生态环境、交通等部门组织开展技术方案论证。论证结果作为审批市政基础设施建设项目、核准相关电网建设项目的依据。

电力排管等电力通道建设，具备条件的原则上按照电网建设规划最终规模一次建成，避免重复建设。

市政基础设施和电力线路设施的建设、维修养护单位应当互相配合，协商解决工程建设中有关事项。协商不一致的，市、区两级政府部门按照"规划建设在先的项目优先，且确保安全"的原则协调解决。

第九条（电网建设集约用地和要素保障）

电网建设应当贯彻"切实保护耕地、林地、绿地和节约、集约利用土地"的原则。鼓励变电站与公共建筑、市政基础设施结合建设，并进行相关可行性论证。经论证可行的，相关电网企业应当支持结合建设，结合建设变电站的土建部分，原则上按照地上变电站的标准由变电站房屋产权所有人承担投资费用；相关区政府和管委会应当协调有关部门配合做好项目规划用地、消防、环评、水保等工作，规划资源、住房城乡建设管理、生态环境、水务等部门应当给予支持。

对列入市、区重大工程建设计划的电网项目，规划资源部门优先保障新增建设用地指标。独立选址的户内式地上变电站，受占地面积限制难以就地安排绿化建设的，绿化市容部门应当支持相关电网企业统筹安排绿化建设。

电网建设使用土地需要办理征地、国有建设用地划拨、房屋征收等手续的，应当在属地政府协助下依法办理，充分保障当地群众的合法权益。电网企业可商请属地政府协助对列入电网建设年度计划的拟建变电站用地，提前进行农转用和土地征收储备等工作。

对国有土地出让地块规划明确需配套建设配电站、开关站的，应当征询属地电力管理部门意见，并将其提出的相关建设、维护等管理要求纳入土地出让合同，在土地出让公告时予以公布。

第十条（电力架空线建设）

新建电力架空线（包括杆、塔基础）不实行征地，电网企业应当参照征地补偿标准对杆、塔基础范围的土地权利人给予一次性经济补偿。

区或者乡镇政府应当按照"先补偿、后使用"的原则，组织土地所有权人签署协议，协调做好经济补偿工作，并切实保障土地承包经营权人等相关权利人的合法利益。

电网企业应当凭项目核准文件、规划资源部门核定规划条件的文件、委托区政府或者乡镇政府开展经济补偿工作的协议等材料，办理建设工程规划许可证。

属地政府主张对辖区内新建、改建和扩建的 220 千伏架空电力线路垂直投影范围内符合安全距离等条件的建筑物、构筑物进行协议置换的，由属地政府负责做好协议置换工作，协议置换费由属地政府承担三分之二、电网企业承担三分之一。

第十一条（电力架空线入地）

区政府和相关管委会应当按照本市架空线入地规划和本辖区架空线入地建

设计划，协调落实配电站、开关站等站址的用地相关手续和道路修复、水系占补、绿化补种等事宜。

对于电网基建工程，除明确不得新建架空线区域外，属地政府要求将新建架空线路建设方式改为电缆敷设的，应当按照"谁主张、谁出资"的原则，落实投资差额。

本市有关部门或者区政府提出其他电力架空线入地需求的，应当在论证可行性并落实资金后，向市有关部门提出规划调整建议，经市有关部门同意后实施。

电网企业应当按照要求向交通、公安部门申报电力架空线入地道路占道、开挖需求；交通会同公安部门在统筹制订综合掘路计划时，应当合理安排电力架空线入地项目的掘路计划，优化审批程序，加快办理审批工作。

第十二条（电源项目接入）

电网企业应当通过充分优化电网构架、加强源网规划建设衔接，提高电网调节能力，提升电网对大规模、高比例可再生能源消纳能力。

电源项目业主应当按照国家相关技术标准和规范要求，配合接入电网，保障电网安全，不得私自违规并网。

第十三条（优化营商环境）

为全面提升本市"获得电力"服务水平，持续优化营商环境，各级政府和电网企业应当建立协同工作机制，相互配合、信息共享，共同推进电力接入、电力迁改工程实施。

电力接入、电力迁改工程主体项目政府立项文件可作为有关部门履行行政审批职责的工作依据。

电网企业应当按照要求做好电力接入工程前期工作，协助迁改主张方落实开工条件，加快推进项目建设。

第十四条（加强宣传）

各级政府、各有关职能部门及电网企业应当加强电网建设相关科学知识的宣传、普及，努力营造全社会理解支持电网建设的氛围。

第十五条（依法实施电网建设）

电网企业应当依法实施电网建设。对项目建设单位未按照规定办理报批手续的或者电网项目建设未能满足国家及本市生态环境、消防、卫生等标准的，由相关行政管理部门对项目建设单位责令整改，并依照有关法律规定予以处罚。

第十六条（禁止危害电网建设）

禁止任何单位或者个人从事危害电网建设的行为。

有下列危害电网建设的行为之一的，由电力管理、规划资源、公安等部门按照各自职责，依法进行处罚；构成犯罪的，依法追究刑事责任：

（一）在依法划定的电力设施保护区内修建可能危及电力设施安全的建筑物、构筑物，种植可能危及电力设施安全的植物，堆放可能危及电力设施安全的物品；

（二）破坏、封堵电网建设施工道路，截断施工水源、电源；

（三）盗窃电力设施或者以其他方法破坏电力设施，危害公共安全；

（四）涂改、移动、拆除、毁损电网建设测量标桩或者其他标识；

（五）其他阻扰、破坏电网设施建设的行为。

第十七条（施行日期）

本规定自 2023 年 7 月 1 日起实施。

三、修订主要内容对比

2023 年新版《若干规定》与 2013 年旧版《若干规定》相比，主要差异有：

第三条（政府职责）：新版增加了市、区政府和相关管委会应建立健全长效保障机制，加强对本辖区内电网建设推进工作的领导和支持；旧版没有提及建立健全长效保障机制。

第四条（电网企业责任）：新版强调了电网企业应按照电源项目与配套电网项目同步规划、同步建设、同步投产的要求，依法组织实施电源项目的接入系统建设；旧版有相似内容，但未明确提到同步规划、同步建设、同步投产的要求。

第五条（电网建设规划）：新版提到市规划资源部门应结合电网建设规划，对必须进行规划控制的变电站、输电线路通道等设施用地划定规划控制界线；旧版提到市规划国土资源部门应结合电网建设规划，对变电所（站）、输电线路通道等设施用地划定规划控制界线。

第六条（电网建设年度计划）：新版增加了对列入年度计划的电网建设项目，由规划资源、水务、绿化市容、房屋管理等部门统筹落实资源性指标；旧版提到列入年度计划的电网建设项目由市规划国土资源部门和区（县）规划国土管理部门落实用地指标。

第七条（项目核准）：新版提到了 10kV 及以下电网项目、配电网升级改造项目、用户接入工程配套公共电网项目等具备条件的，可简化核准程序；旧版没有明确提到简化核准程序的内容。

第八条（预留电力线路通道）：新版提到了电力排管等电力通道建设，具备条件的原则上按照电网建设规划最终规模一次建成，避免重复建设；旧版没有提到电力排管等电力通道建设的相关内容。

第九条（电网建设集约用地和要素保障）：新版增加了对列入市、区重大工程建设计划的电网项目，规划资源部门优先保障新增建设用地指标等要素保障的内容；旧版有电网建设集约用地的内容，但没有提及新增建设用地指标的优先保障。

第十条（电力架空线建设）：新版提到了属地政府主张对辖区内新建、改建和扩建的 220kV 架空电力线路垂直投影范围内符合安全距离等条件的建筑物、构筑物进行协议置换，费用分摊比例；旧版没有提及协议置换及费用分摊的内容。

第十一条（电力架空线入地）：新版提到了电网企业应向交通、公安部门申报电力架空线入地道路占道、开挖需求等内容；旧版没有提及电网企业向交通、公安部门申报的内容。

第十二条（电源项目接入）：新版新增了电网企业应提高电网调节能力，提升对大规模、高比例可再生能源消纳能力等内容；旧版没有提及电源项目接入的相关内容。

第十三条（优化营商环境）：新版新增了各级政府和电网企业应建立协同工作机制，共同推进电力接入、电力迁改工程实施等内容；旧版没有提及优化营商环境的内容。

第十四条（加强宣传）：新版内容与旧版相似，但新版更强调了营造全社会理解支持电网建设的氛围。

第十五条（依法实施电网建设）：新版提到了对项目建设单位未按照规定办理报批手续的或者电网项目建设未能满足国家及本市生态环境、消防、卫生等标准的，由相关行政管理部门对项目建设单位责令整改，并依照有关法律规定予以处罚；旧版有相似内容，但未明确提到生态环境标准。

四、修订内容解读

为了加大电网建设和改造力度，相比于 2013 年出台的《若干规定》，2023 年修订版的政策变化主要体现在五大方面：

（1）进一步强化项目规划控制保护。一是扩大规划覆盖范围。对必须进行规划控制的变电站（包括进站通道）等设施用地划定规划控制界线，明确相关要求。二是明确规划协调原则。市政基础设施和电力线路设施的建设、维修养护单位应当互相配合，协商解决工程建设中有关事项。协商不一致的，市、区两级政府部门按照"规划建设在先的项目优先，且确保安全"的原则协调解决。

（2）进一步强化项目资源性指标统筹。列入年度计划的电网建设项目，由规划资源、水务、绿化市容、房屋管理等部门按照市、区分工，统筹落实电网项目建设涉及的新增建设用地、征收安置房源、水系占补平衡、林地占补平衡、绿地占补平衡、工程渣土消纳等资源性指标。

（3）进一步强化项目用地保障。一是强调结建站址同步落实。对国有土地出让地块规划明确需配套建设配电站、开关站的，应当征询属地电力管理部门意见，并将其提出的相关建设、维护等管理要求纳入土地出让合同，在土地出让公告时，予以公布。二是支持提前开展土地收储。电网企业可商请属地政府协助对列入电网建设年度计划的拟建变电站用地，提前进行农转用和土地征收储备等工作。

（4）进一步优化电力架空线政策。一是厘清投资界面。对于电网基建工程，除明确不得新建架空线区域外，属地政府要求将新建架空线路建设方式改为电缆敷设的，应当按照"谁主张、谁出资"的原则落实投资差额。二是明确线下拆迁职责标准。属地政府主张对辖区内新建、改建和扩建的 220kV 架空电力线路垂直投影范围内符合安全距离等条件的建筑物、构筑物进行协议置换的，由属地政府负责做好协议置换工作，协议置换费由属地政府承担三分之二、电网企业承担三分之一。

（5）进一步优化电力营商环境。一是各级政府和电网企业应当建立协同工作机制，相互配合、信息共享，共同推进电力接入、电力迁改工程实施。二是电力接入、电力迁改工程主体项目政府立项文件可作为有关部门履行行政审批职责的工作依据。三是市、区重大工程电力接入配套项目与主体项目适用本市相同支持政策。

随着《若干规定》的推出，国网上海市电力公司各管理部门均出台相应政策以支持《若干规定》的实行。如上海市规划和国土资源管理局在 2014 年配合 2013 版《若干规定》推出了《关于简化本市输电线塔基项目用地预审管理工作的意见》（沪规土资综规〔2014〕549 号），后因市政府于 2023 年 6 月重新发布了《上海市电网建设若干规定》（沪府发〔2023〕6 号），上海市规划和自然资源局亦对《关于简化本市输电线塔基项目用地预审管理工作的意见》进行了修订。优化了预审工作的办理流程，放宽了办理要求。原文件第二条规定："按照规划土地行政审批体制改革的基本要求，输电线塔基项目用地预审手续同规划选址意见书同步受理、同步审批、同步发文，并简化其预审收件要求和审核内容。"根据本市规划资源行政审批制度改革进行修改完善。现修改为：按照规划土地行政审批体制改革的基本要求，输电线塔基项目用地预审在规划土地意见书环节开展。

《上海市工程建设项目规划资源审批制度改革工作方案》（沪规划资源建〔2020〕17号）明确："本市工程建设项目规划资源全流程全事项在上海市'一网通办'平台统一受理、统一发证"。现修改为：输电线塔基项目规划土地意见书可通过"一网通办"办理。可见，当前新的政策趋势更加注重电网建设的优化，旨在提升电网建设的效率和质量。

首先，对于电网建设集约用地和要素保障方面，政策更加强调资源的统筹与保障，确保电网项目能够顺利落地。这包括新增建设用地指标的优先保障，以及各相关部门在资源性指标方面的统筹协调。这不仅有利于加快电网建设进程，还能确保电网项目建设的合理性和科学性。

其次，在电力架空线建设和入地方面，政策也提出了新的要求。一方面，政策明确了电网企业和属地政府在电力架空线建设中的职责和费用分摊标准，有助于减少因建设标准不明确而产生的纠纷。另一方面，政策还鼓励电网企业积极申报电力架空线入地道路占道、开挖需求，以推动电力架空线的有序入地，提升城市形象和城市运行安全性。

再次，在电源项目接入和优化营商环境方面，政策也做了积极的探索。政策强调了电网企业应提高电网调节能力，提升对可再生能源的消纳能力，以支持可再生能源的发展。同时，政策还建立了协同工作机制，推动各级政府和电网企业共同推进电力接入、电力迁改工程实施，进一步优化电力营商环境。

最后，在加强宣传和依法实施电网建设方面，政策也强调了宣传的重要性，旨在营造全社会理解支持电网建设的氛围。同时，政策还明确了对电网建设项目的监管和处罚措施，确保电网建设项目的合规性和安全性。

综上所述，新的政策趋势体现了政府对电网建设的重视和支持，旨在通过简化流程、优化管理、加强监管等方式，推动电网建设的快速发展和持续改进。这将有助于提升城市电网的可靠性和安全性，为经济社会的发展提供坚实电力保障。

第二节　坚持依法合规建设的工作要求

一、管理原则

1. 坚持依法合规

工程前期工作应依据《中华人民共和国城乡规划法》《中华人民共和国建筑法》

《中华人民共和国土地管理法》《中华人民共和国森林法》《中华人民共和国环境影响评价法》《中华人民共和国水土保持法》《中国道路交通安全法》《中华人民共和国草原法》《中华人民共和国水法》《中华人民共和国航道法》《铁路安全管理条例》《中华人民共和国公路法》《城市道路管理条例》《城市绿化条例》《建设工程安全生产管理条例》等国家法律法规、管理条例，严格落实国网上海市电力公司输变电工程前期管理办法等相关通用制度，固化输变电工程前期工作流程，根据地方法规要求细化依法开工工作标准，确保证照齐全、依法合规开工，全面提升依法合规建设水平。

2. 强化政企合作

有力推动电网建设项目纳入各级政府重点推进项目目录，积极争取地方政府政策支持，依靠各级政府全力推动前期手续办理，固化协调工作机制，提高工程前期工作效率。

3. 注重统筹兼顾

工程前期工作要处理好与项目前期、建设实施的前后衔接，处理好外部行政审批和内部管理程序的相互衔接；要合理制订工程前期工作计划，统筹各种影响因素，兼顾各专业接口及内外部流程，有序开展工程前期各项工作，持续提升工程前期工作效率。

4. 保障工程建设

工程前期工作作为依法开工的重要部分，要充分融合行政管理部门及国网上海建设咨询公司内部各专业管理要求，进一步提高工作质量，深化各项成果的准确性、完整性和可实施性，为工程依法合规有序建设提供保障。

二、管理流程

1. 加强项目前期和工程前期协同衔接

电力公司建设部门和属地公司要提前并深度参与项目可行性研究工作，对变电站站址、线路路径、主要技术原则、重要交叉跨越、停电过渡方案等关键因素提出意见；切实履行项目前期成果交接手续，重点关注项目核准、选址、用地、环评、水保，以及压矿、穿越环境敏感区等协议（征询）取得情况，确保项目前期成果移交齐备、规范。

项目核准内容包括但不限于建设地点、建设规模、建设内容等发生较大变更的，根据《企业投资项目核准和备案管理条例》，会商可研批复单位办理可研、核准变更；项目获得核准后2年未开工或输变电工程建设方案或输变电工程建设规模发生变化的，会商可研批复单位办理可研复审、核准延期。

2. 规范工程前期管理流程

电力公司建设部门根据项目可研报告及批复文件等项目前期工作成果，提前开展工程前期工作。

建设部门开展勘察设计招标，组织勘察设计单位开展初步设计编制工作；具备条件后，组织开展初步设计评审，并下达初步设计批复文件；有条件的应及早开展沿线动拆迁和补偿工作。

初步设计批复后，建设部门开展工程物资招标、施工招标等工作，组织开展施工图及预算编制和审核等工作；同期办理总平面设计方案审批、土地农转用批复、建设用地规划许可证和划拨决定书、建设工程规划许可证、开工放样复验审批、施工许可、管线交底卡、跨越穿越公路、埋设各类管线许可、挖掘城市道路许可、道路工程建设交通安全许可、临时使用绿地的许可、轨道交通安全保护区作业许可、铁路线路安全保护区作业等行政审批手续。

3. 合理设定输变电工程前期工作周期

建设单位在确定年度开工计划时，要充分考虑工程前期的合理工作周期；制订年度建设进度计划时，要进一步细化核准至开工的时间节点，充分考虑各种影响因素，确保计划的可实施性。

第三节 数智化时代政府行政许可新要求

一、"一网通办"的目标和意义

2018年3月，上海市政府深化"互联网+政务服务"改革，创造性地提出"一网通办"改革。同时，印发了《全面推进"一网通办"加快建设智慧政府工作方案》，该方案提出到2020年，形成整体协同、高效运行、精准服务、科学管理的智慧政府基本框架。上海"一网通办"改革成为具有全局意义的推进数字转型的总项目。

早在2011年，上海就已经提出：建设面向未来的智慧城市，推动信息技术与城市发展全面融合，建设以数字化、网络化、智能化为主要特征的智慧城市。除了直接服务公众，"一网通办"改革，还服务于更广泛的数字政府转型。

"一网通办"改革的目标和意义主要体现在其宗旨是提升政务服务效能和优化用户体验。其直接目标是优化营商环境和提升民生服务，通过政府过程的优化和创新，无须经过重大的法律和政策调整，使企业和市民的权利得到更好的保障。

对于企业，"一网通办"改革主要体现在办好"一件事"。从企业用户真实需求出发，梳理、简化和优化跨部门、跨层级和跨区域的多个相关联的政府服务事项组成的"一件事"。

业务流程再造在"一网通办"改革中发挥了核心作用。这种以提升用户体验为目标的政府业务流程再造，通过线上线下一体化服务体系，形成用户与政府之间的单一公共服务界面，显著实现市民和企业办事"减环节、减时间、减材料、减跑动"，提高用户办理政务服务的获得感和满意度。

二、"一网通办"系统简介

"一网通办"平台（网址：https://zwdt.sh.gov.cn/govPortals/index.do）自 2018 年上线，目前已具备设计方案、施工许可和竣工验收各阶段功能模块。系统目标是实现"对外由审批系统统一受理，对内与发改委在线投资审批系统、规划全覆盖系统、地理星系系统等各部门审批系统互联互通"，整合形成"横向到边、纵向到底、并联审批、实时流转、跟踪督办、信息共享"的工程建设项目审批管理系统。通过推进"多规合一、多评合一、多图联审、多验合一、多测合一"等创新举措，对工程建设项目审批全过程和各类审批事项进行全方位、深层次改革。以"减、放、并、转、调"为抓手，着力强化"一张蓝图、一个窗口、一张表单、一个平台、一套机制"，最大限度地简化审批环、优化审批流程，缩短办理时间。提出"流程再造，分类审批，提前介入，告知承诺，同步审批，限时办结"等有针对性的举措，解决当前工程建设项目审批"部门多、环节多、要求多、时间长"等问题，努力补齐短板，整合审批资源，提高审批效率。

三、"一网通办"下的工程前期管理

行政审批制度改革是深入推进"一网通办"的关键环节。其中，工程建设项目较一般审批项目更为复杂。上海政务服务"一网通办"门户开设了"上海市工程建设项目服务专栏"，搭载上海市工程建设项目审批管理系统，为建设单位提供建设工程的查询、申请和受理服务。

上海市"一网通办"的深化改革，搭载建设工程联审共享平台所具备的"一窗一表一平台"和"一测一验一评估"的特色，使工程前期管理工作标准化制定成为可能。为解决电网建设工程的工程前期管理工作所面临的相关问题，提供了非常有利的外部条件。同时，也带来了新的思考，即如何利用上海市建设工程联审共享平台行政审批全业务流程的功能，改进或创新现有工程前期管理工作的模式，从而使之适应或与上海市"一网通办"的相关举措有机结合，成为一种长效的机制，促进电网建设工程的整体管理水平的提升。

1. 业务流梳理

通过对上海市"一网通办"的政策文件解读和建设工程联审共享平台公开的办事指南收集分析，以流程表的表现方式，构建出上海市工程建设行政审批全业务流程，理顺了各业务环节之间的逻辑关系。同时，对每项业务环节的具体申办资料要求进行了梳理，理清了各业务的执行规范和技术标准。

2. 业务流验证

积极推动电网建设工程纳入建设工程联审共享平台，开展工程建设行政审批手续的"一网通办"。以此，对各业务环节的申办资料、技术标准针对电网建设工程的适用性进行验证。对电网建设工程无须办理的业务环节进行剔除，对不适用于电网建设工程的申办资料要求进行统一协调。从而进一步改进针对电网建设工程的行政审批全业务流程，逐渐形成"标准化"业务流程，为现阶段电网建设工程的工程前期管理工作提供保障。

3. 业务流的标准化

基于总结出的工程前期管理"一网通办"的标准化业务流程。适当的调整国网上海建设咨询公司内部的管理机制和工作规范，达成统一的、标准化的行政审批业务办理模式，从而量化工程前期管理工作。设置专人、专机办公机制。实现归口统一、信息共享、标准唯一的管理目标。同时，也可对工程前期管理工作进度、质量和费用进行跟踪和监管，形成国网上海市电力公司"一口对外"的特色管理模式。

4. 业务流的优化

通过分析电网建设工程应用"一网通办"实现工程前期管理目标的标准化业务流程，挖掘国网上海建设咨询公司管理潜力，在设置专人、专机办公机制的基础上，开创新建工程应用"一网通办"时针对国网上海建设咨询公司"法人一证通"和国网上海建设咨询公司印鉴使用需求的年度报备制，从而开辟国网上海建设咨询公司"法人一证通"和印鉴使用绿色通道，加快了电网建设工程前期管理工作效率，促进了国网上海建设咨询公司工程前期管理制度优化。

5. 试点"无纸化"办理

结合上海市"一网通办"开展的对于深化电子证照应用的相关工作，通过"无纸化"试点区域的相关供电公司配合，提前开展国网上海建设咨询公司工程前期管理应用"无纸化"办理的试点工作，掌握"无纸化"办理的相关要求，结合国网上海建设咨询公司"项目全过程数字化管理系统"的建设，加强工程建设申办资料的电子化，促进工程建设资料的精简和共享，在提升工程建设信息化管理水平的同时，进一步促成国网上海建设咨询公司内部管理机制与"一网通办"相关举措形成良性衔接。

四、工程前期管理融合创新

1. 创新性

国网上海市电力公司实现了工程前期管理工作标准化管理的突破，使之与上海市"一网通办"形成有机对接。随着上海市"一网通办"的深化改革，搭载建设工程联审共享平台所具备的"一窗一表一平台"和"一测一验一评估"的特色，为解决电网建设工程前期管理工作者长期以来面对工程建设行政审批全业务流程不清晰、申办资料有地域差异、工程建设行政审批业务流程专业化等问题带来了有利的外部条件。通过业务流程梳理、验证及标准化三步，将工程建设行政审批各业务环节之间的逻辑关系理顺，进行适应性验证得到精简后的环节，总结出"一网通办"的标准化流程，并适当调整国网上海建设咨询公司内部管理机制和工作规范与之协调，从而得出与上海市"一网通办"有机切合的标准化前期管理业务模式。这一标准模式也为后进管理者提供了学习依据。

上海"无化"试点与国网上海建设咨询公司"项目全过程数字化管理系统"对接。上海"无纸化"试点与国网上海建设咨询公司项目全过程数字化管理系统的出发点都在于促进材料的共享和精简，它们的共性是促使这两者的对接极具意义。通过"无纸化"试点的摸索，将项目全过程数字化管理系统内部管理机制与"无纸化"试点这一外部机制双轨合并，加强工程建设申办资料的电子化的同时亦提升了国网上海建设咨询公司工程建设信息化管理水平。其中，获得的宝贵经验，推行全国。

2. 科学性

上海"一网通办"的内涵在于服务的过程中引入互联网思维，加强信息化手段，整合、优化政府办事流程的基础上，构建统一整合的服务体系，促进办事效率和效能的提高。借助"一网通办"为工程行政审批搭建的友好接口，调整国网上海建设咨询公司内部管理机制，整理出一套与外部接口相匹配的内部接口。在深化应用好"一网通办"的过程中，也是一次将互联网思维、加强信息化手段引入自身前期管理流程的过程，助推国网上海建设咨询公司前期管理工作者克服反复多、周期长、做不清、理不顺的现实问题。其内涵的工程信息化管理理念，为解决当前项目群管理面临的手段不足提供了一套先进的、科学的可行方案。更对"5G"时代背景下的国网上海建设咨询公司运营管理水平提升具有启示作用。

3. 实用性

"一网通办"的深化应用解决了目前工程前期管理工作"材料多、跑动多、理不清、时间久"的老大难问题，针对工程施工许可证办理、轨交跨越等行政审批业务，给出了一套作业指南；"无纸化"试点结合国网上海市电力公司项目全过程数字化管理系统得出的典型经验在助力工程建设信息化管理建设工作同时，也为兄弟单位开展类似工作时提供了先例；本次管理创新工作形成的总结归纳为国网上海建设咨询公司业主项目经理和专业人才的培养提供了宝贵的资料。

下篇

数字转型　工程前期智慧管控

第三章　工程前期　数智化背景

第一节　数智化的趋势

随着信息技术的快速发展，数智化转型已成为企业提升核心竞争力的必由之路。对于国网上海市电力公司而言，数智化转型不仅是响应时代潮流的必然选择，更是提升服务效率、优化资源配置、确保能源安全的重要手段。当前，国网上海市电力公司的数智化发展方向主要包括：

（1）智能电网建设：国网上海市电力公司正致力于智能电网的全面建设，通过集成物联网、大数据和云计算等前沿技术，实现对电网设备的实时监控、故障预测及自动化修复。这不仅大幅提升了电网的运行效率和稳定性，同时也显著降低了运维成本。

（2）数智化转型战略：国网上海市电力公司已将数智化转型确立为企业发展的核心战略，通过制定详尽的转型规划，明确了转型的目标、路径和实施步骤。同时，国网上海市电力公司正不断加强数智化人才的培养与引进，为数智化转型提供坚实的智力支持。

（3）数智化转型实践：在数智化转型实践中，国网上海市电力公司正全面推进各业务领域的数智化进程，包括电力营销、客户服务及生产管理等。通过数智化手段，国网上海市电力公司正持续优化和重塑业务流程，以提高工作效率和服务质量。

（4）数智化技术应用：在数智化转型过程中，国网上海市电力公司广泛应用了各种先进的数智化技术，如人工智能、区块链等。这些技术的应用不仅有效提升了国网上海建设咨询公司的运营效率，同时也为客户提供了更加便捷、高效的服务体验。

（5）数智化转型成效：数智化转型为国网上海市电力公司带来了显著的成效。一方面，数智化转型有效提高了国网上海建设咨询公司的运营效率和管理水平，降低了运营成本；另一方面，数智化转型也为国网上海建设咨询公司的创新发展提供了强大动力，为国网上海建设咨询公司在新型电力系统中开辟了新的增长点。

国网上海市电力公司正稳步开展着向数智化转型，这一趋势体现了技术进步的深刻影响，也是适应新型电力系统需求的必要举措。随着科技的持续进步和应用场景的日益丰富，国网上海市电力公司的数智化转型将更加明确和深入。数智化转型将成为国网上海建设咨询公司转型升级的重要驱动力，推动上海电力事业实现更高质量的发展。

国网上海建设咨询公司响应国家电网公司和国网上海市电力公司的号召，针对数智化发展的趋势提出以下基本策略：

1. 政策提供支持保障

国网上海建设咨询公司认真贯彻基建"六精四化"三年行动要求，不断加强数智化技术在电网建设中的探索应用，聚焦平台应用单轨化、现场作业移动化、电网建设智能化建设等问题，推动建设管理模式从"线下"到"线上"、由"人工"向"智能"的转变，电网建设数智化移交标准、全生命周期数智化应用等技术的运用，赋能电网高质量建设，同时为数智化在工程前期管理中的运用提供了支持和保障。

2. 专业人才提供技术支撑

国网上海建设咨询公司明确将"数智化转型"作为推动分公司转型升级、实现高质量发展的重要途径，广大青年职工和技术能手在数智化运用中提供技术支撑，实现数据共享、智慧建设等，展现"青工人才"的靓丽风采和挖掘出了数智化运用的巨大能量，也迫使工作组力推数智化在工程前期管理中的运用，积极打造基建数智化人才队伍，更好地服务建设具有中国特色国际领先的能源互联网企业的战略目标。

3. 前期工作数智化需求

国网上海建设咨询公司已经形成了较为完备的一体化电网前期工作计划、前期费用计划等制度文件，"网上国网""e基建"2.0等系统进一步成熟，实现了对工程前期的各节点管控和流程跟踪，建立了月度检查、通报等机制，各建管单位可结合平台应用情况进行检查，形成进度管控、问题通报、绩效导向、指标评价等丰富的前期工作经验，这些丰富的经验急需通过数智化手段形成固定的成果，为指导和提升工程前期管理提供有力智慧保障。

第二节 前期工作面临的挑战

国家电网公司《关于新时代改革"再出发"加快建设世界一流能源互联网企业的意见》文件中提到国家电网公司将充分应用移动互联、人工智能等现代信息技术和先进通信技术，实现电力系统各个环节万物互联、人机交互，打造状态全面感知、信息高效处理、应用便捷灵活的泛在电力物联网，为电网安全经济运行、提高经营绩效、改善服务质量，以及培育发展战略性新兴产业，提供强有力的数据资源支撑。最终实现承载电力流的坚强智能电网与承载数据流的泛在电力物联网相辅相成、融合发展，形成强大的价值创造平台，共同构成能源流、业务流、数据流"三流合一"的能源互联网的目标。

梳理电网建设前期业务流、数据流，运用泛在电力物联网相关物联网技术、云计算技术、下一代通信技术在内的新一代信息技术，智能地解决电网建设前期的痛点问题，提升电网建设前期管理水平是智慧前期产生的背景。

智慧前期的研究主要解决当前电力工程建设前期工作中存在的以下挑战：

1. 建设场地选定困难、选定后场地清场经济要素测算困难，且容易产生纠纷

（1）建设场地选定的困境。在任何一个工程项目中，场地的选择都是至关重要的第一步。这不仅关系项目的可行性，更直接影响项目的成本、进度和最终效益。然而，在实际操作中，建设场地的选定往往面临着诸多困难。

一是随着城市化进程的加速，土地资源变得日益紧缺，合适的建设场地变得愈发稀缺。这不仅加大了项目选址的时间成本，甚至还可能导致项目因场地问题而被迫搁浅。

二是即使选定了合适的场地，接下来的清场工作也是一项艰巨的任务。这涉及与原有土地使用者的协商、拆迁补偿、土地平整等多个环节，每一个环节都可能因各类原因而产生纠纷，导致项目进程受阻。

（2）经济要素测算的复杂性。场地选定后，接下来的工作就是对场地的经济要素进行测算。这一环节同样充满了挑战。经济要素的测算需要综合考虑多个因素，如土地价格、交通条件、基础设施等。这些因素种类繁多，使得测算任务异常繁重。

（3）纠纷的产生与解决。在场地选定和经济要素测算的过程中，很容易产生各种纠纷。这些纠纷不仅可能影响项目的进度和效益，还可能给项目方带来不必要的法律风险。

纠纷的产生往往源于前期排摸的深度不足和信息沟通不畅。因此，解决纠纷的关键在于深化前期摸排、搭建公平合理的沟通平台和加强各方的沟通协作。同时，项目方还需要具备应对突发情况和处理复杂问题的能力，以便在纠纷发生时能迅速作出反应，确保项目的顺利进行。

综上所述，建设场地选定困难、选定后场地清场经济要素测算困难，且容易

产生纠纷。这些问题不仅增加了项目的风险和成本，还可能影响项目的最终成功。因此，项目方需要在场地选定和经济要素测算的过程中保持高度的警惕和灵活性，同时加强与各方的沟通和协作，确保项目的顺利进行。

2. 前期估算中错、漏、重合、缺项、暂定价、意向价等无法核算和验证

在工程项目的初期阶段，估算的准确性对于整个项目的顺利进行至关重要。然而，在实际操作中，前期估算中经常会出现错、漏、重合、缺项、暂定价、意向价等问题，这些问题往往难以核算和验证，给项目的后续执行带来了诸多不确定性和风险。

首先，"错"的问题。由于前期估算涉及大量的数据和信息，如果估算人员对项目了解不足、经验不足或缺乏专业知识，就容易出现估算错误。例如，对材料价格、人工费用、设备租赁费用等估算过低或过高，都可能导致项目成本失控。

其次，"漏"也是一个常见的问题。在估算过程中，如果估算人员没有全面考虑项目的所有成本和费用，就容易出现遗漏。例如，忽视了某些必要的辅助设施、安全措施或环境保护措施的费用，这些遗漏往往会在项目执行过程中暴露出来，给项目带来额外的负担。

再次，"重合"也是一个需要关注的问题。在前期估算中，有时会出现不同成本项之间的重合现象。例如，某些费用可能已经在其他成本项中计算过，但在估算时又被重复计算，导致总成本虚高。这种情况不仅会影响估算的准确性，还可能导致项目资金的浪费。

最后，"缺项"也是一个不容忽视的问题。在估算过程中，如果某些关键的成本项被忽略或遗漏，就会导致估算结果失真。例如，在项目设计阶段没有充分考虑材料的可替代性和成本优化，就可能导致在项目执行过程中出现材料供应不足或成本超支的情况。

"暂定价"和"意向价"也是前期估算中常见的问题。暂定价是指在估算时暂时无法确定具体价格的成本项，通常需要根据后续的市场调研或谈判来确定。然而，由于市场变化的不确定性和谈判的复杂性，暂定价往往难以准确估算和验证。意向价则是指根据初步了解或预期设定的价格，但在实际执行过程中可能会因为各种原因而发生变化。这两种价格形式都给前期估算带来了很大的不确定性。

3. 设计深度不足影响前期工作质量

在工程项目的前期阶段，设计工作是至关重要的一个环节。设计深度与准确性的不足，往往会对前期工作质量产生深远的影响。

设计深度不足主要体现在以下几个方面：

（1）设计勘察不深入。在设计过程中，勘察工作是获取项目现场实际情况的关键步骤。若勘察工作不深入，可能导致对地形、地貌、地质等条件了解不足，从而影响设计的准确性。

（2）收资手段单一。在收集项目资料时，若仅依赖一种手段，可能导致资料不全面、不准确。例如，仅通过现场勘察获取数据，而忽视了对历史资料、相关文献的查阅，就可能导致设计依据不足。

（3）障碍数据收资不充分。在设计过程中，可能会遇到各种障碍，如地形、地貌、建筑物等。若对这些障碍的数据收集不充分，可能导致设计方案无法顺利实施。

设计深度不足会对前期工作质量产生以下影响：

（1）杆塔位置、临时便道、临时用地不准确。若设计深度不足，可能导致杆塔位置、临时便道、临时用地等关键要素的布置不准确。这不仅会影响项目的施工进度，还可能增加不必要的成本。

（2）前期报批与设计方案脱节、不匹配。若设计方案与前期报批工作脱节，可能导致项目在审批过程中遇到各种问题，如审批进度受阻、审批结果不符合预期等，这不仅会影响项目的进度，还可能增加项目的风险。

（3）后续前期工作质量受影响。设计深度不足可能导致项目在后续前期工作中出现各种问题，如路径变更、使用林地变更、环水保变更等。这些问题需要重新报批，不仅会增加项目的周期和成本，还可能对项目的整体质量产生影响。

设计深度不足对前期工作质量的影响是显著的。因此，在工程项目的前期阶段，应充分重视设计工作的深度与准确性，采取有效措施避免设计深度不足的问题，确保项目的顺利进行。

4. 前期计划节点管控的合理性不足

在电网建设工程中，前期计划节点管控的合理性是至关重要的。然而，目前许多工程在这一环节上仍面临着一些挑战，亟需提升管控的合理性。

首先，电网建设工程的前期计划编制与审核在一定程度上依赖于前期工作人员的主观经验。这种传统的方法缺乏统一的标准和规范，导致不同项目之间在前期计划管控方面存在较大的差异。这种差异性不仅影响项目的进度和质量，还可能增加项目的风险。

其次，在实际操作中，节点统计、管控预警等关键环节主要依赖具体经办人进行统计分析。这不仅增加了工作负担，还容易出现数据不准确的问题。例如，人工统计节点信息时，可能会因为疏忽或误解而导致数据错误，进而影响整个项目的计划执行。

最后，人工进行管控预警也存在一定的局限性，可能无法及时发现潜在的风险和问题，从而给项目的顺利进行带来障碍。

5. 前期工作依法合规基础条件有待提升

电网项目工程前期的工作涉及多个环节，包括编制前期工作计划、取得项目前期文件、可研批复、初设批复等。这些环节点多面广，涉及各种不同的法律法规，同时在实际操作中，各级政府的行政管理部门对工程前期管理的要求也存在各类具体的差异。

考虑不同地区适用法规的状况不同，电力公司急需建立可参照的案例库、法规库、政策信息库来查阅和指导工作，各类数据库的建立可以有效提升国网上海建设咨询公司的前期工作实施的依法合规基础、提升具体经办人对操作流程的把控程度。这不仅能有效防范了国网上海建设咨询公司的法律风险，还能对公司的业务发展起到助力作用。

第三节　前期工作经验沉淀

随着数字技术的高速发展，企业管理方式、工作方式发生深刻变化，传统企业管理方式将不适应改革发展新形势。近年来，国网上海建设咨询公司围绕"一体四翼"发展布局，加速推进电网向能源互联网转型升级。

在新格局管理要求的环境下，应用数智化手段改变传统固有的管理方式，将传统的业务活动和流程转化为数字形式，以提高效率、降低成本并增加创新，打造工程前期管理新管控模式，全面提升前期工作质效、全力推进电网高质量建设，是实现国网上海建设咨询公司传统管理转型升级的有效途径。

为解决工程前期工作中的困难，国网上海建设咨询公司积极建设"网上国网""e基建"2.0等系统，在前期工作数智化转型中积累了以下应用经验：

1. 开工项目储备库管理

（1）项目储备动态管理，每月更新。按照项目前期、工程前期工作界面以项目核准为标志的管理特点，应用数智化手段，及时掌握项目核准信息，将核准项目纳入工程前期管理视野，每个月填报项目储备信息，每月一审，及时更新。

（2）实行计划管理，按顺序开展设计、审批等工作。可进行自定义灵活编制单体工程的任务计划，也可通过选择模块，生成时间快速搭建任务体系，精准筛选储备考核和前期考核的任务节点进行提交审核，促使项目初设、行政审批适时、提前开展。

2. 智能编制前期计划

（1）多种前期计划模板，按要求生成审核模板。可定义标准化通用模板，支持按工程类型、招标模式、模板条件进行自定义一、二级任务，实现单体工程任务编制一键选择生成，并可进行上传任务流程图。

（2）全过程协同共享。基于该单体工程计划编制的任务节点进行填报，限制为任务责任人进行填报，工程内所有责任人均能同步协同共享工程数据同步信息，填报内容为实际开始时间、实际结束时间、完成进度、作证材料等信息。

3. 精益化审核工程计划

系统自动校核合理前期工期。通过使用相应的计划管理软件，收集项目的相关信息，包括项目目标、范围、资源、工作量等，根据项目信息，使用计划管理软件编制项目计划，包括制定项目工作分解结构（work breakdown structure，WBS）、时间表、资源计划等，根据项目计划，设定前期工期，即项目启动阶段的工作时间。使用计划管理软件中的自动校核功能，对前期工期进行自动校核，判断前期工期是否合理，在系统自动校核合理前期工期的过程中，计划管理软件通常会根据项目计划中设定的工作量、资源及其分配、任务依赖关系等信息，结合预设的规则和算法，自动计算出前期工期的合理范围。如果前期工期超出了合理范围，计划管理软件会给出相应的提示或警告信息，以帮助项目管理者优化项目计划，确保前期工期的合理性。系统自动校核合理前期工期可以帮助项目管理者更加客观、准确地评估项目启动阶段的工作时间，避免启动阶段过长或过短，从而影响后续项目进展。

（1）系统自动校核合理前期工期。工程计划进行选择设置开始时间或者开工时间及投产时间，进行自动识别生成合理的工程任务节点时间计划，并可根据节点时间计划进行提交对应的考核时间。

（2）一键审核。审核计划编制考核提交申请的单体工程，可进行选择批准进入年份，已批准的单体工程可进行回退和重新设置考核年份，并可查看已批准对应年份单体工程的任务完成情况，以多种状态进行区分，并可下载查看任务填报上传的相关材料。

4. 进度智能分析

（1）前期计划自动预警，利用计划模板，将前期任务分发给负责人，数智化系统可帮助管理者监控任务进度，利用电脑端醒目提醒、责任人短信或微信提醒等手段预警进度。

（2）展示指定时间内所有需要考核的单体工程，并进行考核时间的预警提示，实现多种状态进行区分展示对应考核任务的进行情况，并可下载查看任务填报上传的相关材料。

（3）工程数据自动统计，实现开工项目储备完成情况、工程前期（技术）完成情况、工程前期（审批）完成情况、环水保计划节点完成情况分类统计，统计、分析对应年、月各种类型的任务节点完成情况及滞后节点情况，按专业管理分类生成分析报表。

（4）一键生成考核报表。实现一键导出统计分析报表，实现月度考核报表智能管理目标。

国网上海建设咨询公司已经形成了较为完备的一体化电网前期工作计划、前期费用计划等制度文件，"网上国网""e基建"2.0等系统进一步成熟，实现了对工程前期的各节点管控和流程跟踪，建立了月度检查、通报等机制，各建管单位可结合平台应用情况进行检查，形成进度管控、问题通报、绩效导向、指标评价等丰富的前期工作经验，这些丰富的经验通过数智化手段形成固定的成果，为指导和提升工程前期管理提供有力智慧保障。

第四节　前期工作数智化的孕育

1. 深化改革与智能化发展

2023年7月11日，中央召开全面深化改革委员会第二次会议，审议通过《关于深化电力体制改革加快构建新型电力系统的指导意见》（中办发〔2023〕47号）等重要决议，要求加快构建清洁低碳、安全充裕、经济高效、供需协同、灵活智能的新型电力系统，更好地推动能源生产和消费革命，保障国家能源安全。会议强调，要科学合理地设计新型电力系统建设路径，在新能源安全可靠替代的基础上，有计划、分步骤、逐步降低传统能源比重；要健全适应新型电力系统的体制机制，推动并加强电力技术创新、市场机制创新、商业模式创新；要推动有效市场与有为政府更好地结合，不断完善政策体系，做好电力基本公共服务供给。

国家电网公司为推进新时代公司改革"再出发"，加快建设具有全球竞争力的世界一流能源互联网企业，以习近平新时代中国特色社会主义思想为指导，深入贯彻党的十九大、十九届二中全会、三中全会、庆祝改革开放40周年大会精神和中央经济工作会议部署，落实新发展理念，以党的建设为引领，以供给侧结构性改革为主线，守正创新、担当作为，深入推进质量变革、效率变革、动力变革，着力打造枢纽型、平台型、共享型现代企业，加快建设具有全球竞争力的世界一流能源互联网企业，更好地服务实现"两个一百年"奋斗目标。

重点工作聚焦于以下方面：

（1）推动电网与互联网深度融合，着力构建能源互联网。持之以恒地建设运营好以特高压为骨干网架、各级电网协调发展的坚强智能电网，不断提升能源资源配置能力和智能化水平，更好地适应电源基地集约开发和新能源、分布式能源、储能、交互式用能设施等大规模并网接入的需要，满足人民群众日益多样化的服务需求。充分应用移动互联、人工智能等现代信息技术和先进通信技术，实现电力系统各个环节万物互联、人机交互，打造状态全面感知、信息高效处理、应用便捷灵活的泛在电力物联网，为电网安全经济运行、提高经营绩效、改善服务质量，以及培育发展战略性新兴产业，提供强有力的数据资源支撑。承载电力流的坚强智能电网与承载数据流的泛在电力物联网，相辅相成、融合发展，形成强大的价值创造平台，共同构成能源流、业务流、数据流"三流合一"的能源互联网。

（2）培育壮大发展新动能，创新能源互联网业态。全方位、多层次开展创新，加快构建能源互联网新业态，为国网上海建设咨询公司可持续发展注入新动能。深化科技管理体制机制改革，健全以企业为主体的产学研用一体化创新机制，完善成果转化、收益分享、创新容错等配套制度，激发各要素活力。采用团队引进、人才引进、项目引进等多种方式，加大高科技人才培养引进力度，加快基础性、前瞻性能源互联网技术研究。全面推广"网上国网"App，完善现代服务体系，持续优化电力营商环境，推进供电服务网络化、互动化、定制化。研究探索利用变电站资源建设运营充换电（储能）站和数据中心站的新模式，积极推动国网上海建设咨询公司通信光纤网络、无线专网和电力杆塔商业化运营，拓展服务客户新空间。大力开拓电动汽车、电子商务、智能芯片、储能、综合能源服务等新兴业务，促进新兴业务和电网业务互利共生、协同发展。

（3）扩大开放合作共享，打造能源互联网生态圈。加大资本、技术、市场开放力度，积极与相关方共商、共建、共享，努力开创合作共赢新格局。加快混合所有制改革，在特高压直流输电、增量配电、综合能源服务、抽水蓄能、通用航空、金融等领域，积极吸引社会投资，放大国有资本功能。深化"双创"示范基地建设，建立成果孵化转化平台，打造中央企业"双创"升级版。积极主动与地方政府、企业、用户开展互利合作，加快构建智慧能源综合服务平台，共同推进清洁能源消纳、综合能源服务。充分利用电网数据、技术、标准优势，加强与新经济和互联网企业合作，积极参与新能源、智能制造、智能家居、智慧城市等新兴业务领域的开拓建设，加快构建围绕能源互联网发展的产业链、生态圈。发挥电网网络优势，大力实施服务脱贫攻坚十大行动计划，助力地方经济社会发展。

（4）坚定推进电力改革，发挥市场配置资源决定性作用。全面贯彻《中共中央 国务院关于进一步深化电力体制改革的若干意见》（中发〔2015〕9号）要求，坚持走符合中国国情、具有中国特色的电力市场化改革道路，加快建设全国统一电力市场体系，推动电力体制改革落地见效。全面完成交易机构股份制改造，稳妥推进现货市场建设，着力打破省间市场壁垒，积极释放改革红利。推动多元市场主体参与市场交易，大幅度提高市场化交易规模。推动增量配电试点项目落地，完善运作模式和管控机制，打造典型示范项目，提高优质服务水平。配合开展电价第二个监管周期成本监审和价格核定，健全输配电价体系，确保合理电价水平。推动建立国家层面东西帮扶机制和电力普遍服务机制，保障电力基本公共服务能力。

（5）变革管理体制机制，努力增强企业内生动力。按照国务院国有资产监督管理委员会（简称国务院国资委）"三个领军""三个领先""三个典范"世界一流示范企业建设标准，大力推进国网上海建设咨询公司管理转型升级，着力补齐管理短板，加快建设具有全球竞争力的世界一流能源互联网企业。优化集团管控模式和运行机制，按照权责匹配原则，全面推进国网上海建设咨询公司"放管服"工作，突出总部抓总、强化二级做实、着力基层强基，加快建立责任清单和负面清单制度，减少基层报批报审事项，压紧压实各单位责任。坚持以客户为中心，完善市县公司管理运营模式，优化组织架构，精简业务流程，强化业务协同，重视客户体验，提高业务效率和服务水平。调整完善市场竞争类产业、金融单位的管理方式，选取部分产业单位开展授权经营试点，落实企业经营自主权。推动金融单位形成有效制衡的法人治理结构，建立灵活高效的市场化经营机制。落实党和国家监督体系改革要求，坚持依法治企，健全完善纪检、监察、审计和巡视工作体制机制，发挥各类监督综合效能。深化全面风险管理，强化关键业务领域风险管控。

（6）优化经营管理策略，推动质量效益型发展。围绕枢纽型、平台型、共享型现代企业建设，适应输配电价监管要求，持续优化国网上海建设咨询公司经营管理策略，强化精准投资、稳健运营，推动国网上海建设咨询公司发展方式从规模扩张型向质量效益型转变。统筹国网上海建设咨询公司发展战略和各单位经营实际，进一步优化投资规模、结构、节奏、时序，提高发展质量和投入产出效率。强化规划、建设、运检、营销、物资等多专业协同，深化设备全寿命周期管理，落实"质量强网"战略，打造现代（智慧）供应链，筑牢能源互联网质量根基。加快推进多维精益管理变革，把价值管理向业务终端延伸，不断提高管理的科学性、有效性和精准度。加大资本统筹运作力度，优化资本布局和结构，提高股权融资比例和资产证券化水平，提升资本运营效率效益。落实"去提创"要求，调整优化装备制造业产业布局，坚决退出低端业务。深化产融协同，提升金融单位服务主业能力、盈利能力、抗风险能力和市场竞争力。深化集体企业改革，加快建立现代企业制度，提高集体企业服务能源互联网建设的能力和水平。持续推进"压减"工作，加快亏损企业治理，积极清理处置低效、无效投资。稳妥解决医疗、疗养等历史遗留问题。

（7）深化三项制度改革，调动激发干部职工活力。贯彻落实新时代党的组织路线和干部方针，强化党员干部新时代、新担当、新作为。深化干部人事制度改革，努力打造忠、诚干、净担当的干部队伍。结合董事会职权落实，推进领导人员任期制，在市场化单位试点建立职业经理人制度。深化劳动用工制度改革，强化劳动合同、岗位管理，畅通职工职业发展通道，促进管理人员能上能下、员工能进能出。深化收入分配制度改革，完善考核激励机制，实行企业业绩考核，严格考核管理，考核结果与岗位升降、薪酬增减相挂钩，实现收入能增能减。在科技型企业、新兴业务类企业，通过岗位分红、项目收益分红、股权激励等方式，加快建设中长期激励机制，努力激发核心骨干、专家人才动力、活力。

（8）创新国际业务发展方式，推动国际化再上新台阶。拓展全球视野，深化国际合作，健全国际业务管理，进一步提升国网上海建设咨询公司国际化发展水平。创新国际业务管理体制机制，充分发挥综合业务部门、专业管理部门和各单位的优势，提升境外业务管理运营能力。服务"一带一路"建设，加大境外电网投资、建设和运营力度，积极稳健参与境外优质资产并购、绿地项目开发、工程总承包等国际竞争，开展长期化、市场化、本土化经营。适应全球经济发展新变化、新趋势，细化管控措施，有效防范各种风险。坚持"走出去"与"引进来"相结合，学习国际先进技术与管理经验，引进国际资本，提高能源互联网发展质量与水平。积极参与国际标准制定，增强国网上海建设咨询公司国际话语权和品牌影响力。

综上所述，可以看出电网工作的数智化与智能化是电力公司深化改革的重点方向，更是推动行业高质量发展的重要驱动力。随着大数据、云计算、物联网、人工智能等新一代信息技术的迅猛发展，电力公司正迎来前所未有的发展机遇和挑战。

电力公司正在把握数智化与智能化的发展机遇，深化改革创新，推动电网工作的数智化与智能化转型，为构建安全、高效、绿色的能源互联网体系贡献力量。

2. 前期工作数智化前的状况

随着上海电网建设的发展，越来越多的输变电工程项目启动建设，而电力工程项目往往投资大，周期长、技术难、接口多，管理协调十分复杂，涉及参建单位多、项目管理信息量大。这种情况下，引发输变电工程项目管理更多的复杂性与不可控性。输变电工程的建设过程中，如果建设过程操作不规范，会产生极大的风险，不但会影响工程建设的质量，而且可能造成非常严重的安全隐患与工程事故。

目前，电力工程施工现场作业环境复杂，人员复杂，多工种交叉作业，协作方多，呈现出施工地点分散、施工现场管理难等特点。

针对以上问题，本项目提出以电网工程项目全过程管理为主线，基于建设管理流程数字再造和工程现场感知能力提升，开展个性化应用开发。在高度信息化基础上的一种支持对人和物的全面感知、施工技术全面智能、工作互动互联、信息协同共享、决策科学分析、风险智能预控的新型信息化手段，具备满足利用人脸识别技术进行人员管理和区域管控；利用图像识别技术辅助施工安全管理；利用后台大数据智能分析代替传统人工记录报表；利用系统智能辅助实时监管施工现场各项情况等方面的需求。

3. 智慧前期模块的孕育

前期工作经验的沉淀，为电力公司数智化应用的产生奠定了开发基础和业务基础。电力公司的专业工作组积极组织成员学习和了解测绘、计算机等领域的前沿技术，力求掌握主流的技术方案。通过深入研究和多次讨论，工作组围绕前期工作中遇到的痛点问题、国网上海建设咨询公司现有的数智化资源及前期工作经验的沉淀，进行了全面的分析和探讨。

在这一过程中，工作组成员们不断交流思想、分享经验，力求在技术应用和业务拓展方面取得突破。他们深入探讨了如何利用现有的数智化资源，如何解决前期工作中遇到的难题，以及如何将前期工作经验更好地转化为实际应用。通过这一系列的努力，工作组最终明确了智慧前期模块的定位及其必要性。

智慧前期数智化模块研究处在建设最底端，是大量原始数据形成的源头。通过研究，整理建设前期的数据流和业务流，实现以新型测绘技术为基础，以地理信息为线索，针对电网建设前期工作中存在的各类需求和各种特点设计相应系统化的辅助功能，建立一个以电力建设前期工作为中心的勘测及业务数据统一整合平台。智慧前期数智化模块不仅是一个集成了数据处理、信息分析和决策支持等功能的综合性平台，更是一个能够助力电力公司实现数智化转型的重要工具。通过该平台，电力公司可以更加高效地进行项目规划、资源配置和风险管理，从而提升项目的成功率和项目整体运营水平。智慧前期项目适用阶段示意图如图 3-1 所示。

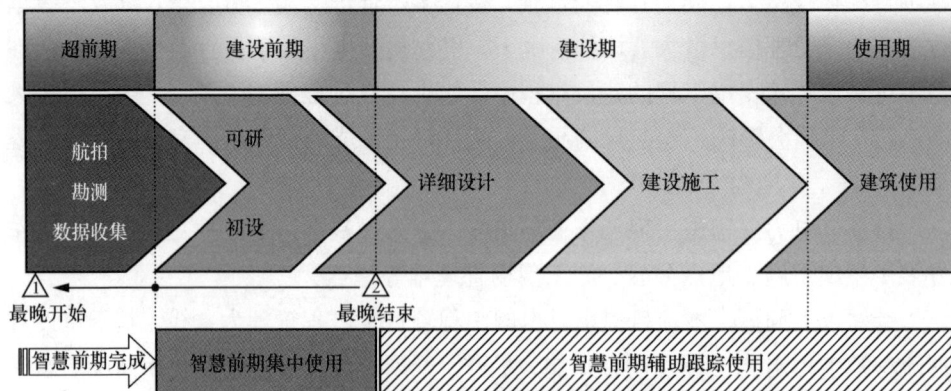

图 3-1 智慧前期项目适用阶段示意图

智慧前期数智化模块的构建充分利用北斗卫星导航系统、遥感技术、低空摄影测量、地理信息系统、大数据、人工智能等测绘和计算机前沿技术，融合解决了电网建设覆盖物自动识别、基于大数据的工程建设成本预测、多源异构数据融合处理、工程建设的智能评价和建设全过程管控等一系列关键技术问题，为电网建设的前期工作提供了全新的解决方案。智能前期数智化模块功能示意图如图 3-2 所示。

（1）数字测绘，智能识别。模块利用航空遥感、倾斜摄影、激光三维扫描、无人机航拍等手段，获取高分辨率的航拍图像和三维点云，通过设计贴合电力工程建设的图像识别和机器学习功能，建立基于多源影像数据的地表覆盖物图像识别模型，完成输配电走廊数字立体影像和要素自动识别。结合智能空间分析技术，快速准确地对道路沿线进行自动采集和数字矢量化，为工程建设规划、建设实施、房屋拆迁、建设规划控制等提供实时可靠的依据。遥感图像智能识别流程图如图 3-3 所示。

（2）数字勘测，智能估算。模块利用移动端的灵活性，与空间信息基础互动，进行施工进场情况导航，减轻前期施工准备压力。另外，模块配合测绘识别模块所得空间信息，结合合规模型、赔偿案例模型、财务规则，利用缓冲区分析算法建立工程涉及地区赔偿估算模型，为后续选址调整、拆迁谈判等工作提供较为准确的数字依据。破解数据源头多、数据不一致、历史经验未得到有效利用等难题，提升电力建设决策水平。

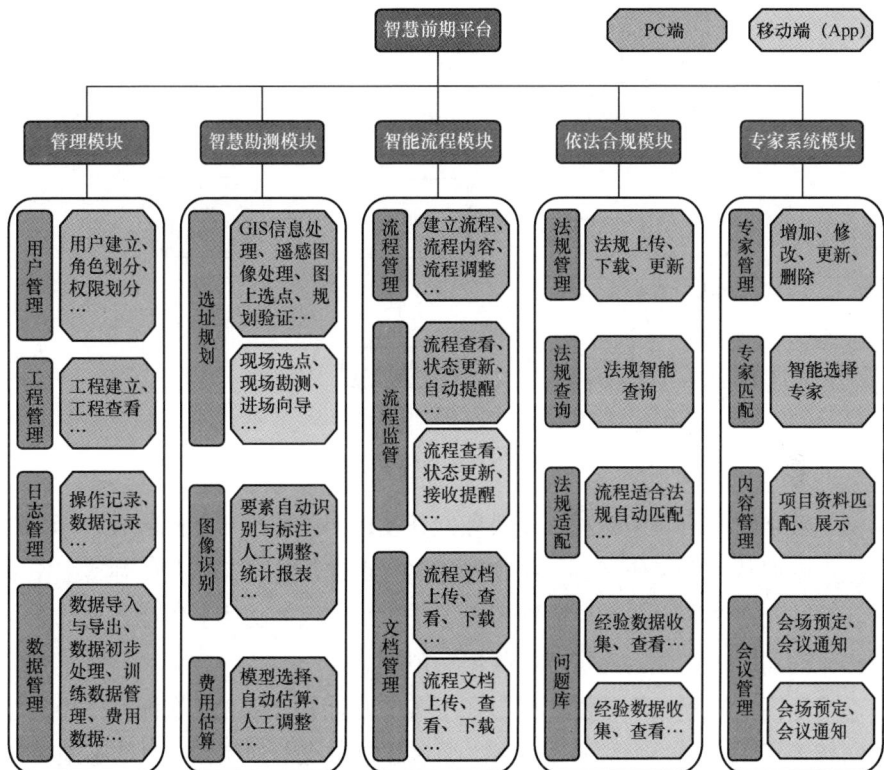

图 3-2 智慧前期功能示意图

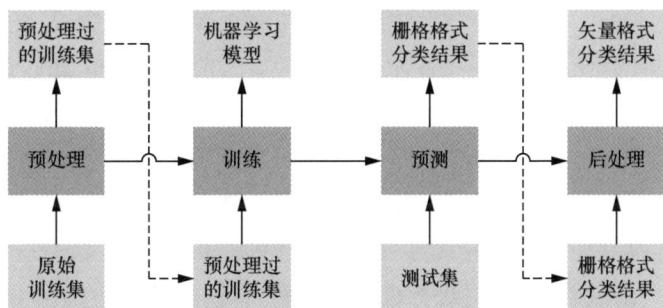

图 3-3 遥感图像智能识别流程图

（3）数字法规，智能合规。模块收集规划、交通、环保、绿化、水务等法律法规及上海各区县的行政规定建立法规数据库，通过对电力建设项目历史数据的归集和整理，建立案例数据库与专家数据库，并设计与地理信息关联的数据库模式，并对各类数据做基于机器学习的多源异构数据融合，将上述数据库数据有效绑定至相应项目做智能匹配，提升电力建设工程依法合规的办公水平。数据融合简示图如图 3-4 所示。

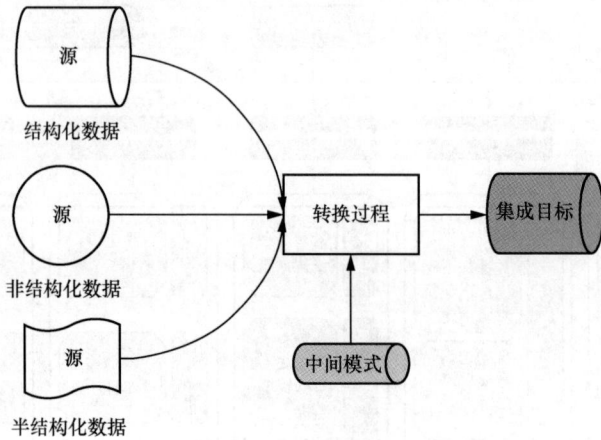

图 3-4 数据融合简示图

（4）数字业务，智能流程。模块独立开发适用的思维导图式流程表示方法，通过流程图展示发布工作任务，并对进度实时跟进，做到工作人员对其工作节点负责，通过流程图的方式指导前期各类工作，并将相关文件上传至各个节点，在完成工作的同时，完成工程资料的收集和整理。

思维导图式流程表示方法的核心在于其实时性和互动性。在流程图中，每个节点都代表了工作的一个阶段或任务，通过连接节点的线条，可以清晰地展示出工作流程的先后关系和依赖关系。当工作人员开始执行任务时，他们可以在相应的节点上标记进度，这样其他人就能够实时了解任务的完成情况。

这种方法不仅提高了办事信息传递的效率，还能解决物资调配等工作滞后的问题。通过将相关文件上传至各个节点，工作人员可以在完成工作的同时，完成工程资料的收集和整理。这样，无论是项目管理者还是团队成员，都能够随时查阅和了解项目的进展情况，从而做出更加明智的决策。

此外，思维导图式流程表示方法还具有很好的扩展性和灵活性。随着项目的进展和变化，流程图可以随时进行调整和更新。新的任务或节点可以轻松地添加到流程图中，而已经完成的任务或节点则可以标记为已完成。这种动态更新的机制使得流程图始终能够保持与项目实际情况的一致性。

通过思维导图式流程表示方法，解决办事信息传递效率低、物资调配等工作滞后的问题。这种方法不仅提高了工作效率，还使得项目管理更加规范化和系统化。工作组相信，在未来的工作中，这种方法将会发挥更加重要的作用，为团队协作和项目管理带来更多的便利和价值。

第四章　智慧前期　数智化建设历程

智慧前期数智化模块的建设历程是一个不断创新和迭代的过程。通过深入了解电网建设工程前期工作难点、需求和技术挑战，打造了一个集数据处理、信息分析和决策支持等功能于一体的综合性模块。该模块不仅提高了工程前期的工作效率和管理水平，还为国网上海建设咨询公司的数智化转型提供了有力支持。未来，随着技术的不断发展和用户需求的变化，智慧前期数智化模块将继续迭代以适应新的工作需求，提升前期工作水平，为电力公司的业务发展带来更多便利和价值。

第一节　建设目标与内容

1. 建设目标

国网上海建设咨询公司抓住数智化转型契机，对接上级部署的基建平台，以赋能工程一线为目标，以电网工程项目全过程管理为主线，基于建设管理流程数字再造和工程现场感知能力提升，开展个性化应用开发。建设以"智慧前期、智慧评价、监理生产业务管理系统"为主体的智慧建设管理模块，促进电网工程管理数智化能级提升。推进基建全过程综合数智化平台应用，推动电网数智化、基建业务数智化能力提升。国网上海建设咨询公司建管的项目实现全口径纳入基建平台进行全过程数智化管理；实现基建工程各阶段数智化交付，制造、建造一体化项目等。

智慧前期主要建设目标如下：

（1）综合模块。为了更好地完成国网上海建设咨询公司数智化转型的落地实践，打破应用的终端、时间、地点限制，开展模块整合，构建一套输变电工程全过程智慧前期模块。

将原有分散的功能，通过统一认证模块及移动门户集中在一起，使管理人员及外部用户能够一次登录一站式完成全流程管理。

（2）标准化、规范化管理。输变电工程全过程智慧前期模块以国网上海建设咨询公司业务为主体，可以解决目前输变电工程项目管理工作面临的诸多问题。

这些问题包括任务下达、设备调度、施工安全、质量控制、进度保障等问题，全过程智慧前期模块可以借助当前技术优势，用标准化去规范现场作业的工作从标准化的任务下发，到标准化的施工，再到标准化的数据汇总与传输。保障国网上海建设咨询公司各个环节在标准化的程序下执行。

（3）实现"一网通管，一屏统管"。模块将基于数据收集与积累实现国网上海建设咨询公司业务的大数据分析，为经营管理的决策、安全生产的保障及工作效率的提升提供数据支持，实现指标实时更新，指标实时管理。

（4）实现界面的"三简原则"。输变电工程全过程智慧前期模块将实现界面简单、使用简单、统计简单的"三简原则"。开发阶段将深入调研，与一线使用者，管理使用者深入沟通，将简单的操作界面、易用的操作方式及规范的工作流程融入模块，上线初期，由国网上海建设咨询公司选取适当工程试运行该模块，在运行中不断改进、完善模块，积累平台运营与终端操作使用的经验。后凭借全过程智慧前期模块通俗易懂方便操作的特点，以及云系统平台方便移植、可复制的特征，逐步在电力系统推广开来，从试点到多点，最终推广到整个电力系统中去。

为使试点单位平台使用者从入门到精通，平台将附带编写完善的平台操作手册，并且组织开展平台使用教学课程，包括但不局限于录制视频教学、线下课堂教学、使用心得经验分享会等。

2. 建设内容

针对国网上海建设咨询公司业务需求及建设目标，基于现有信息化系统基础，设计移动作业、无纸化作业场景，明确信息化项目设计、开发、实施、集成相关建设内容。

（1）建设总体要求。

1）顶层规划原则。国网上海建设咨询公司业务覆盖面广，为避免现场人员和项目管理人员操作多个移动应用或登录多个门户，总部顶层规划"全过程智慧管控"建设思路和技术架构。

2）实用实效原则。移动应用的使用是为了提高业务办理效率，对经常在工程现场协调及需要及时确认的信息通过移动方式处理，坚持功能需求实用实效、应用简单易操作原则。

3）成本最优原则。减少重复开发量，以及全过程智慧前期模块与国网上海建设咨询公司现有移动应用的数据交互量，保留原有开发平台，利用国网上海建设咨询公司移动应用已有成果。

（2）建设主要内容。智慧前期主要包括：建设项目总览、航拍矢量转换、赔偿费用估算、流程节点管控、历史案例分析、智能法规匹配、路径勘测导航、多端交互联动等一系列功能。通过将低空勘测采集到的高精度航拍图进行信息要素矢量化，结合历史数据和国家相关规定，智能匹配相关流程和法律法规，实现电力工程建设过程中有据可依、有法可循、风险可控，以提高电力建设管理水平。功能说明表见表4-1。

表 4-1　　　　　　　　　　　　　功能说明表

序号	功能模块	功能项	功能说明
1	航片识别	矢量转换、数据拓扑	通过对低空勘测获取的高精度航拍影像进行矢量化转换，再将转换后的矢量进一步细化分类及平滑处理
2	勘测分析	交叉跨越分析、赔偿费用估算、设计更改、实景展示，路径导航	根据设计线路或场站做相应缓冲压盖分析，智能生成压盖数量及费用估算表；或根据现有规划数据和设计数据，进行交叉跨越分析并形成报告；在地图上对设计进行更改，提高设计可行性、可视度
3	流程梳理	流程提醒、文件管理、重要节点把控、模板再造	根据设计结果，智能匹配流程模板；在流程重要节点，加强提醒（短信、邮箱、App 通知等），减少风险；对项目流程中流转的文件进行维护、备份、查询、打包等；根据现有模板或实际需要，对流程进行梳理再造，形成新的模板
4	多规合一	法规、专家、案例等智能匹配、法规查阅、数据挖掘	在工程建设过程中，通过关键字、流程内容、建设相似度等特点，智能匹配相应专家库、法规库、案例库，形成对应的专家名单、法律法规内容、历史案例数据；对匹配的数据进行数据分析、数据挖掘，提高费用计算精准率
5	路径分析	最佳路径分析、"最后一公里"导航、勘测图片或视频管理	对已有路网进行拓扑分析优化，形成最佳路径，再由勘测人员对路径进行详细勘测，形成最终路径，同步上传勘测图片、视频，进行统一管理；对施工进场路线的"最后一公里"导航
6	会议模块	会议申请、会议通知、会议管理、文件管理	项目建设过程中，根据案例数据挖掘分析或实际需要，形成工程过程会议（智能匹配相应会议专家），在固定时间对与会人员进行邮件或短信提醒，并对会议中产生的文件（会议签到、会议纪要）进行统一管理

第二节　规　划　与　设　计

在智慧前期模块的建设过程中，规划与设计是至关重要的环节。这一阶段主要围绕业务需求、技术架构和功能模块进行深入研究，以确保模块能够满足各方需求。此外，还需对模块的可扩展性、易用性和安全性进行全面考虑，为模块的长期稳定运行奠定基础。

1. 设计原则

（1）先进性。模块设计时，充分考虑架构和技术的先进性，确保选用的架构和技术符合未来发展趋势，使模块具有较强的生命力，有长期使用价值；并将先进的技术手段和科学的管理理念紧密结合，提出先进合理的管理和服务机制。

在工作组的模块设计过程中，为了确保系模块在未来几年甚至几十年内仍然保持其竞争力，工作组进行了深入细致的讨论和论证。

首先，内部组织了一系列的技术研讨会，分享对当前技术发展趋势的理解，以及对未来技术走向的预测。工作组探讨了各种新兴技术，如人工智能、云计算等，并分析了它们可能对工作组模块产生的影响。

其次，邀请一些行业内的专家和顾问参与讨论，带来了丰富的经验和深刻的见解，帮助工作组更全面地了解当前行业的最新动态和最佳实践。通过与他们的交流，工作组深入了解了各种技术的优缺点，以及它们在实际应用中的表现。

在收集了大量信息后，工作组开始进行论证分析。工作组对比了不同技术的性能指标、成本效益、可维护性等因素，并综合考虑了模块的整体需求、目标及项目规模。

最后，工作组结合团队成员的智慧和专家顾问的建议，制订了一套先进合理的模块设计方案。工作组相信，通过这样的设计，工作组的模块将在未来继续保有竞争力，并为用户提供更高效、更便捷的服务。

在整个讨论和论证过程中，工作组始终坚持开放、包容、合作的原则，鼓励每位团队成员发表自己的观点和建议。这种团队精神为工作组取得最终的成功提供了有力保障。

（2）开放性。模块设计时，充分考虑软件与硬件、软件与软件的解耦，采用业界主流的硬件平台、操作系统平台、数据库平台及标准协议，保证基础设施、数据、算法、应用等各层能力的开放。

工作组成员就软件开放性在设计阶段进行深入的讨论。每次讨论的气氛都异常活跃，每个人都充满了激情与期待，因为他们深知，软件开放性的好坏将直接影响软件产品的未来发展和市场竞争力。

工作组首先阐述了软件开放性的重要性，并指出在设计阶段就需要充分考虑软件的解耦性，以便未来能够更灵活地应对各种变化。他们强调，只有实现软件与硬件、软件与软件之间的良好解耦，才能保证软件在不同环境下的稳定运行和功能的可扩展性。

软件工程师则从技术的角度出发，提出了如何保证数据、算法和应用等各层能力的开放性。他们建议，应该采用标准化的数据格式和协议，以便数据的交换和共享；算法方面，应该选择那些经过广泛验证、性能稳定、易于理解的算法，同时提供开放的接口，允许用户根据自己的需求进行定制和扩展；应用层面，应该提供丰富的应用编程接口（application programming interface，API）和插件机制，方便第三方开发者进行集成和创新。

在讨论的过程中，大家还就如何平衡开放性和安全性、如何确保软件性能等方面进行了深入的探讨。最终，经过充分的讨论和激烈的辩论，工作组达成了一致意见，形成了一份详细的设计方案。

这份设计方案明确指出了在设计阶段需要采取的各项措施，包括选择开放的硬件平台、操作系统平台、数据库平台及标准协议，实现软件与硬件、软件与软件之间的解耦，以及保证数据、算法和应用等各层能力的开放。同时，还针对安全性和性能等方面提出了具体的解决方案和保障措施。

（3）可靠性。模块设计时，充分考虑关键设备、关键数据、关键程序模块的备份、冗余措施；支持集群技术和负载均衡技术，以及双机热备能力；软件采用模块化、分层隔离的设计思想，充分确保模块的高可靠性。

在软件设计过程中，工作组为确保软件的可靠性，付出了巨大的努力。为了确保关键设备、数据和程序模块在故障时能够迅速恢复，工作组在设计时充分考虑了备份和冗余措施。这包括对在逻辑层面设置数据备份和程序模块的冗余。这样，在主设备或数据出现问题时，备份设备或数据可以迅速接管，保证模块的连续运行。

在软件架构方面，工作组采用了模块化和分层隔离的设计思想。通过将模块划分为多个独立的模块，每个模块负责特定的功能，降低了模块的复杂性，提高了可维护性。同时，分层隔离的设计使得不同模块之间的依赖关系更加清晰，减少了模块间的耦合度，增强了模块的可扩展性和稳定性。

（4）可扩展性。模块设计时，充分考虑升级、扩容的可行性和便利性，保证模块能够按需进行横向扩展和纵向扩展；并在模块扩展时，确保原有应用和数据的延续性，历史数据能够兼容使用。

智慧前期为 C/S 架构，为了满足未来可能的增长和变化需求，工作组要求在开发工程中：

1）要有定义清晰、标准化的接口，确保模块之间的通信和交互是规范且一致的。这有助于在需要时添加新的模块或替换现有模块。

2）采用分层架构，将不同功能和服务分配到不同的逻辑层中，如数据访问层、业务逻辑层、表示层等。这种架构能够简化扩展过程，因为每层都可以独立地升级或扩展。

3）选择可扩展的数据存储解决方案，如关系型数据库或非关系型数据库，支持水平分割和垂直分割，以便在数据量增长时能够轻松扩展数据存储能力。

4）引入版本控制系统，记录每次系统变更和升级的信息。同时，制定详细的数据迁移和系统升级策略，确保在扩展过程中历史数据的兼容性和原有应用的延续性。

5）要求详细的模块文档、扩展指南和技术支持可帮助用户和模块管理员理解模块的架构、工作原理和扩展方法，降低扩展的难度和风险。

2. 总体框架

根据对智慧前期业务流和数据流梳理，整理出自下向上的逻辑层次。分别是信息源层、智能传输层、智能进化层、智能决策层、智能应用层和智能服务层。智慧前期研究内容逻辑架构如图 4-1 所示。

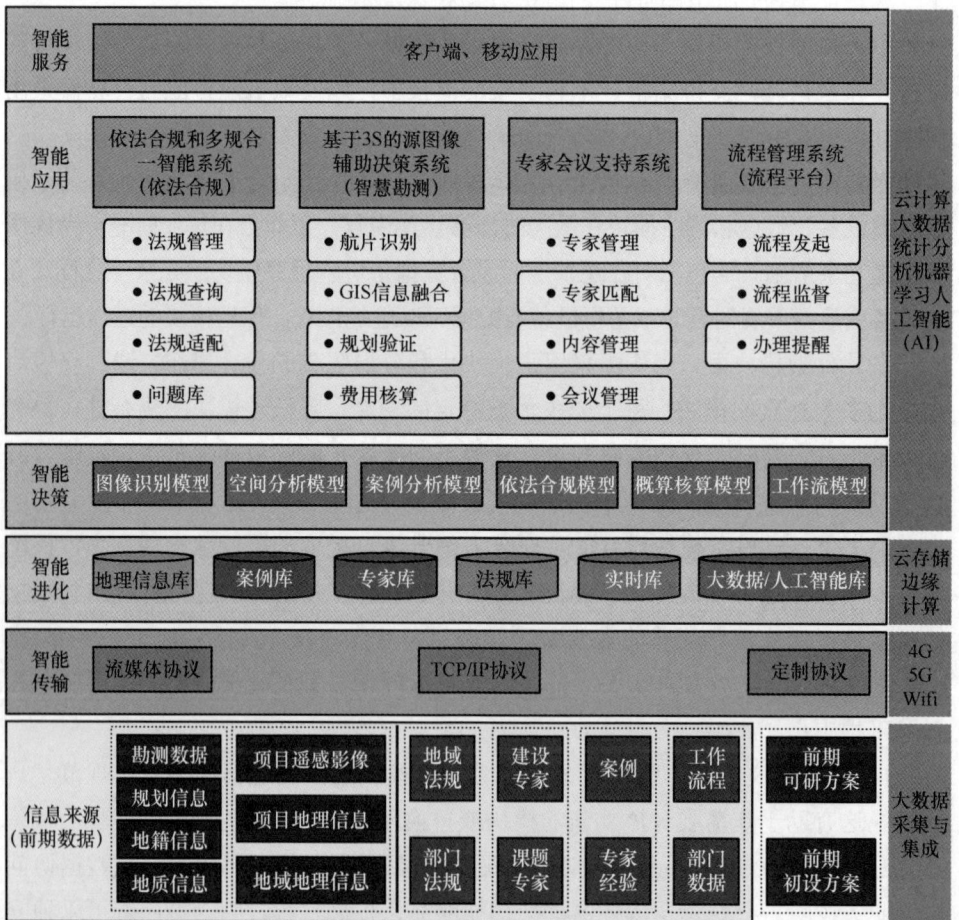

图 4-1　智慧前期研究内容逻辑架构

（1）信息源，该层所列数据是智慧前期的所有应用的支撑。涵盖项目数据和业务数据。项目数据包括前期可研和初设数据，自行采集的项目地理信息数据；业务数据包括项目专家案例、法规、专家信息、工作流程和各分管项目部门数据。

（2）智能传输，主要利用有线的、无线的、公有的或私有的网络按照一定标准或协议，把抽取的数据传入模块。

（3）智能进化，异构多源数据采集、传输到模块内，通过边缘计算等方式加工成为结构化数据存储到云端，为进一步应用做准备。

（4）智能决策，对数据进行分析、处理。主要完成选址、费用评估的航片识别、空间分析模型和估算模型；解决依法合规问题的依法合规模型；通过深度学习案例和专家经验形成的案例分析模型；再造的智慧前期工作流模型。

（5）智能应用，根据已有模型，结合实际需求，综合为多规合一模块、多源辅助决策模块、专家会议支持模块和流程管理模块。

（6）智能服务，主要提供用户的接口，以不同的形式呈献给用户，为设计人员、施工人员、管理人员、项目相关部门人员、项目涉及拆迁主体人员服务。

3. 研究内容

（1）异构多源数据的融合。智慧前期的数据包括项目数据和业务数据。这些数据来自不同时期、不同系统或者部门，同时数据既有结构化数据（如部门提供数据和 GIS 数据），非结构化（遥感图像、研究方案、图纸）和来自网络的半结构化数据（网站提供政策法规）。要获取这些不同源、不同结构的数据为模块所用，必须采用相关数据集成或大数据集成方法，进行数据模式对齐、记录链接、数据融合等。数据集成示意图如图 4-2 所示。

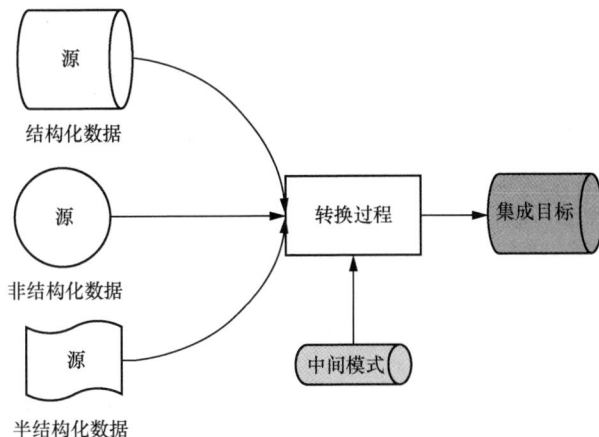

图 4-2　数据集成示意图

（2）案例分析和知识的提取。分析不同地区、不同场地的电网建设案例。通过分析，对案例数据进行结构化，同时通过深度学习等技术完成对案例知识的提取，为新建项目提供建议和依据。案例分析和知识提取示意图如图 4-3 所示。

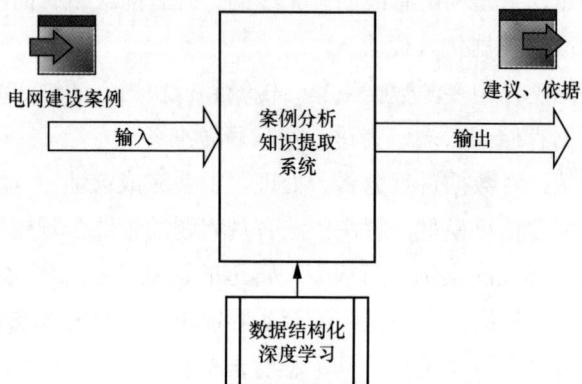

图 4-3 案例分析和知识提取示意图

（3）工作流梳理再造。对智慧前期工作内容和步骤进行梳理，对业务进行建模，形成适合于整个企业和不同业务部门的新的工作方法和工作流程。建立新的以工作流程驱动的工作方式和方法，并通过智能化的移动应用（App）供用户使用。工作流系统示意图如图 4-4 所示。

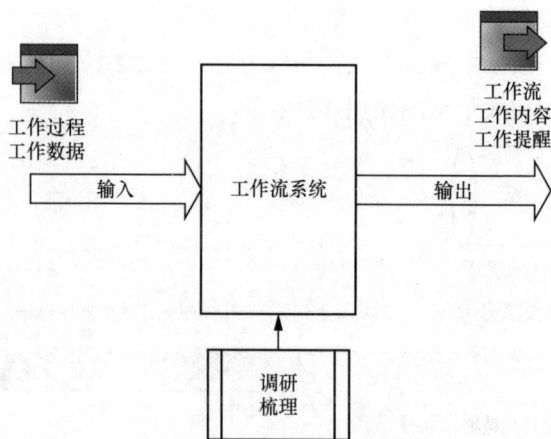

图 4-4 工作流系统示意图

（4）依法合规和多规合一信息模块。以项目为导向，充分利用上海市发展和改革委员会、上海市规划和自然资源局、环保局等部门的数据成果，建立一个依法合规和多规合一的信息互通机制。实现主管部门与建设项目间的信息共享，将各规划叠加、协调，消除各部门规划存在的矛盾。为规资、住建、林业、交通等相关业务在审批过程中的沟通和协调提供信息；为依法合规和多规合一的成果展示、矛盾发现、规划协调、动态更新、重点项目等提供技术保障。使电网建设符合规划，使报审、决策、协调更高效。合规系统示意图如图4-5所示。

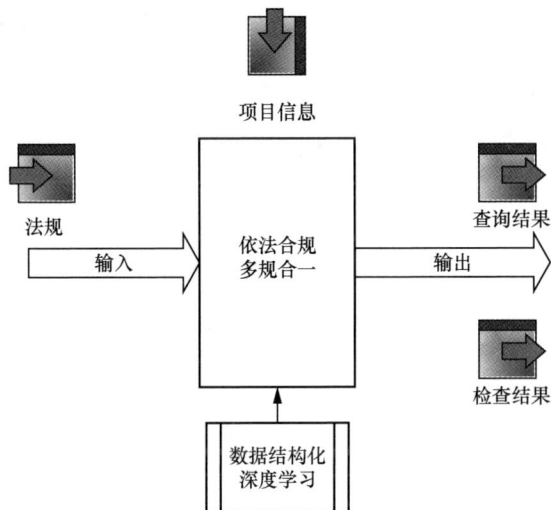

图4-5 合规系统示意图

（5）基于GIS的多源数据辅助决策模块。建立一个以项目为中心的、城市空间信息与智慧前期审批信息结合的高效集成的模拟模块。提供在可视环境中进行信息查询、统计和分析，为智慧前期应用和各级领导决策提供支持。同时，可对初步设计方案进行不同尺度和角度审查，灵活实现多方案比选，使建设方案审批更为直观全面，有利于进行科学决策。多源数据辅助决策示意图如图4-6所示。

（6）专家会议支持模块。会议支持模块可依据会上项目情况，统一调阅项目技术文档、方案、图形资源、图上标绘，实现项目的集中讨论和快速决策，节约报批时间，提高决策效率。专家会议支持示意图如图4-7所示。

4．平台软件结构

软件分为服务软件和客户端软件。

（1）服务软件分为服务软件和智能识别软件两部分。服务软件完成数据处理、勘测、流程、法规和专家会议模块服务。智能识别软件主要完成航片、航片的智能识别，完成地图数智化。

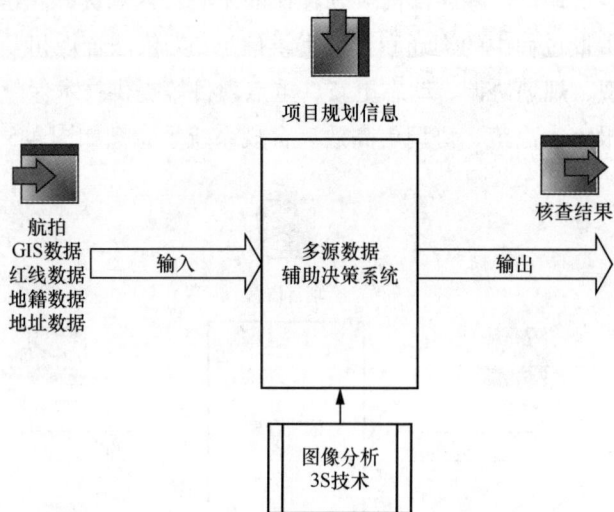

图 4-6　多源数据辅助决策示意图

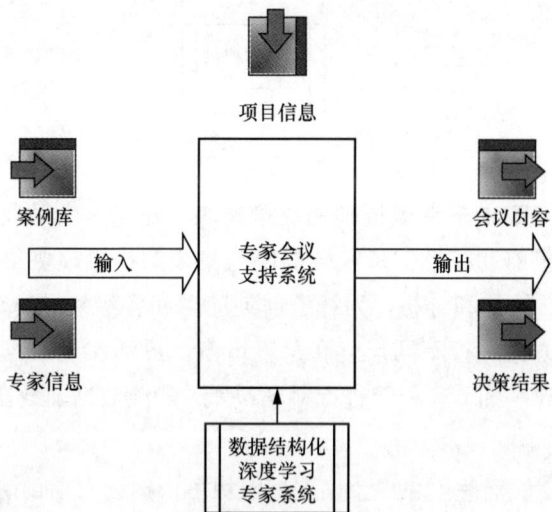

图 4-7　专家会议支持示意图

（2）客户端软件分为 PC 客户端软件，移动客户端软件（App）完成平台操作、管理和应用等功能。

平台总体软件结构如图 4-8 所示。

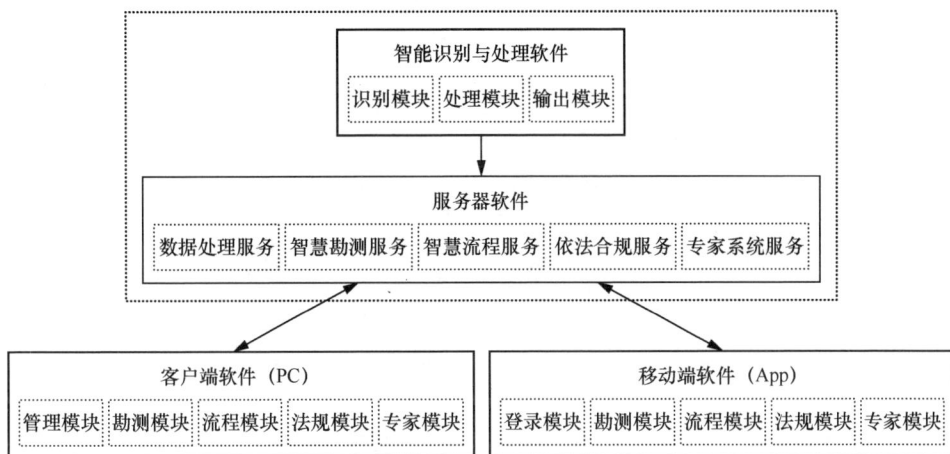

图 4-8　平台总体软件结构

第三节　技　术　方　案

在技术方案研究阶段，需要根据业务需求和实际场景，选择合适的技术框架、开发语言和数据库等。此外，还需关注新技术的应用，以确保平台的技术领先性。在实施阶段，注重项目管理和团队协作，确保项目按计划推进，同时对项目进度和质量进行严格把控（开发里程碑事件、工作报告）。

1. 智能多源数据辅助决策分析系统方案

（1）技术选型。

1）Spring Boot Spring Cloud（用到的组件有 eureka、feign、zuul、hystrix、ribbon）。

2）安全框架：apache shiro。

3）持久层框架：mybatis。

4）数据库连接池：alibaba druid。

5）缓存框架：redis。

6）日志管理：logback。

7）数据库：mysql。

8）代码生成工具：mybatis generator。

（2）软件总体架构。智慧前期辅助决策分析模块（勘测模块）分为服务软件和客户端软件。软件框架如图 4-9 所示。

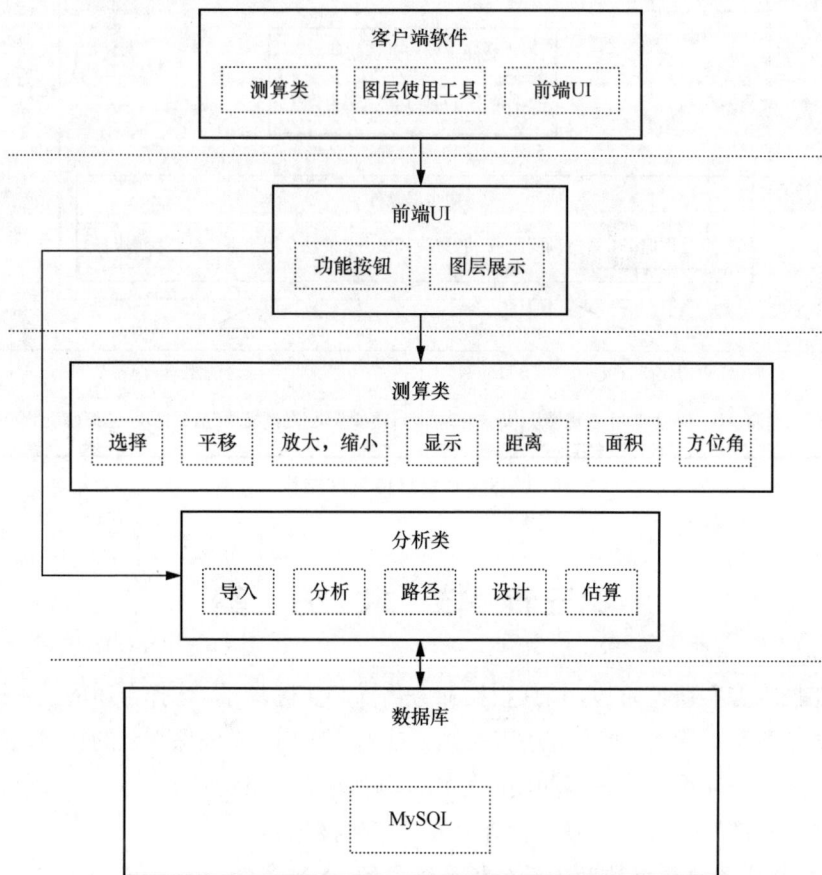

图 4-9　软件框架

客户端软件可分为四层，上层前端用户界面为地图可视化操作提供平台，底层数据库为地图提供数据支持。在功能层，测算类模块的功能只会影响地图上的可视化元素，而分析类模块的功能则需要数据库数据的支持，同时，分析类模块的功能也会改变数据库中的数据。

2. 依法合规和多规合一方案

"多规合一系统" 以项目为导向，运用计算机智能化手段，充分利用各部门的数据成果，建立一个依法合规和多规合一的信息互通方案。实现主管部门与建设项目间的信息共享，将各规划叠加，协调、消除各部门规划存在的矛盾。为规资、住建、林业、交通等部门在审批过程中的沟通和协调提供信息；为依法合规和多规合一的成果展示、矛盾发现、规划协调、动态更新、重点项目等提供技术保障。使电网建设符合规划，使报审、决策、协调更高效。

智慧前期依法合规和多规合一模块功能如图 4-10 所示。

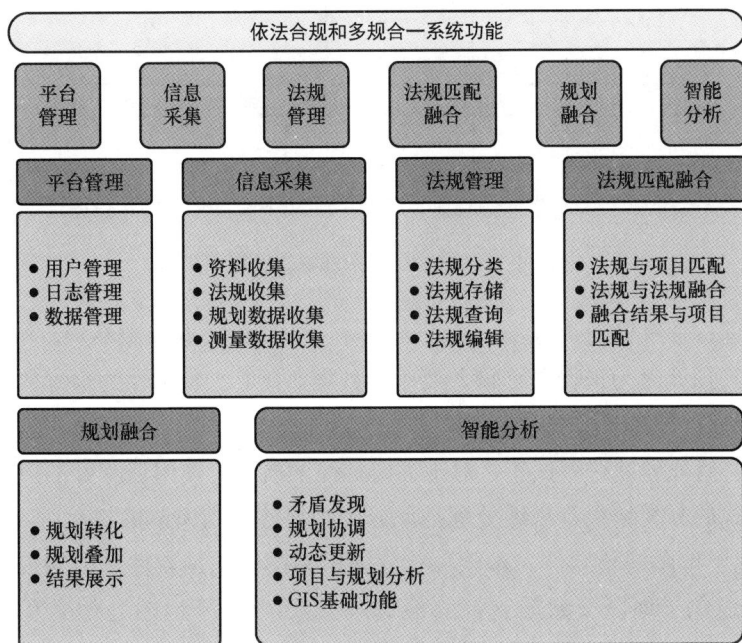

图 4-10 依法合规和多规合一模块功能

3. 影像分析算法方案

智慧前期，研究工程前期拆迁工作地表环境特征物影像分析算法，并以算法为核心，形成影像分析管理模块，支持使用者对影像分许结果进行扩展操作。

在一定量的目视解译样本基础上，通过各类图像处理、机器学习算法，提取影像中各类地物的特征，计算其统计信息，同时用这些种子类别对模型进行训练，随后用训练好的模型对其他待分数据进行分类。对逐像元分类好的数据，通过图像处理算法矢量化，再转化为数字地图，最后使用影像分析管理模块进行交互式编辑。

（1）模块结构。本模块由图像识别软件和电子地图编辑软件两部分组成。

1）图像识别软件。本软件是机器学习软件，主要使用基于卷积神经网络的图像语义分割算法，将遥感图像分割成植被、建筑、水系、道路等。本软件大致分为预处理、训练、预测、后处理几个阶段。遥感图像识别软件流程图如图 4-11 所示。

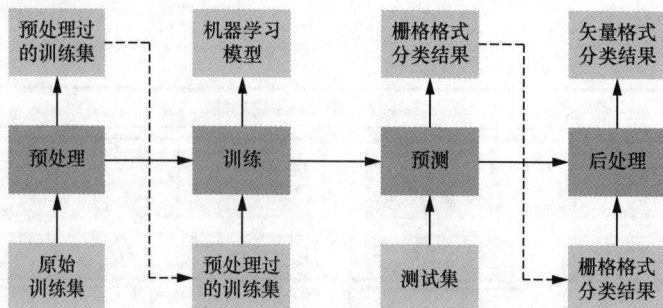

图 4-11 遥感图像识别软件流程图

预处理、训练针对训练集。由于人工标注的训练数据来源不一，格式不一，首先要将其预处理为符合训练输入要求的数据。接着，使用预处理好的训练集队神经网络进行训练，生成模型。

预测、后处理针对测试集。对于需要标注的航片，使用训练好的模型预测得到栅格格式的分类结果，后续处理把此分类结果转化为矢量格式。

2）电子地图编辑软件。本软件首先将遥感图像识别软件输出的矢量格式分类结果转成电子地图（超图支持的格式），然后对电子地图进行交互式编辑。图 4-12 为电子地图编辑软件功能图。

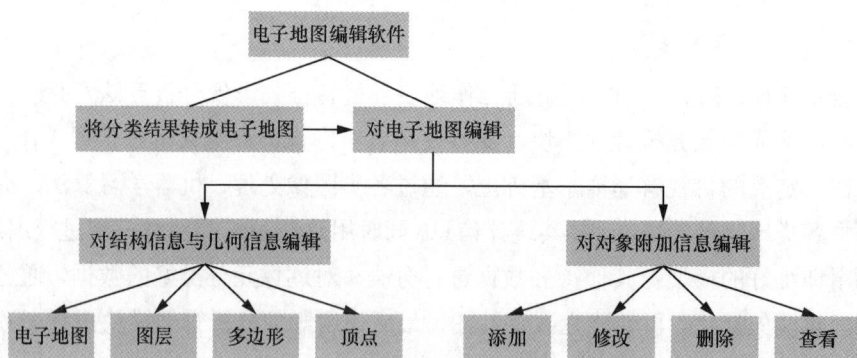

图 4-12 电子地图编辑软件功能图

对于电子地图的编辑主要包括两方面：一方面，是对结构信息与几何信息的编辑，包括电子地图、图层、多边形、顶点四个级别，主要作用是对自动识别不准确的地方进行调整；另一方面，是对对象附加信息的编辑，将每个多边形看作对象（如一栋建筑、一片农田），允许添加、修改、删除、查看对象的附加信息。

（2）模块功能。

1）图像识别软件。软件核心是机器学习算法，包括预处理、训练、预测、后处理四个阶段。

a. 预处理：此阶段的输入是原始训练集，输出是符合训练格式的训练集、验证集。此阶段分为两个子阶段，预处理流程图如图 4-13 所示。

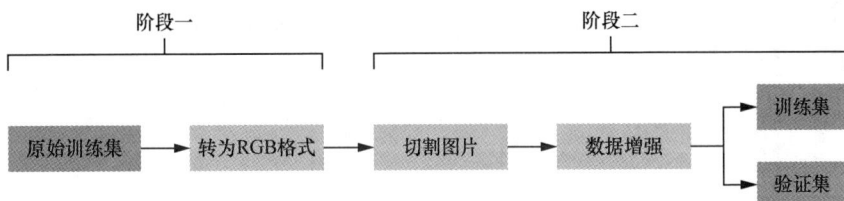

图 4-13　预处理流程图

b. 训练：此阶段选择特定的训练集、模型、参数等进行若干代的训练，输出每一代的模型，供预测时加载。每训练完一代，就进行一次验证集的验证，输出验证结果。

为了能够方便监测训练过程，保存训练损失、验证误差至 visdom 工具，并可以通过浏览器访问训练服务器的 8097 端口（默认）查看。

c. 预测：此阶段加载训练出来的指定代数的模型，对测试集进行预测（测试集也是 RGB 格式的若干张遥感图片），输出逐像素的分类结果。

d. 后处理：此阶段的作用是用图像处理算法将预测结果（对遥感图片的标记图片）分不同的类别转为矢量格式，即识别分类边缘并生成多边形。

2）电子地图编辑软件。本软件将遥感图像识别软件的识别结果转为电子地图，并能够对结构信息与几何信息进行编辑，对多边形添加附加信息。

a. 电子地图转换：遥感图像识别软件的后处理结果实质上只是多边形列表，坐标是图像像素坐标系。该软件根据提供的地理信息，将每个多边形映射到实际的地理坐标上，并且每个类别形成一个图层，生成一个电子地图（超图或 ArcGIS 等支持的格式）。

b. 电子地图结构信息与几何信息编辑：本软件对电子地图的编辑分为电子地图、图层、多边形、顶点四个级别，电子地图结构信息与几何信息编辑功能层次图如图 4-14 所示。

c. 电子地图级：可以进行预览电子地图、重命名电子地图、保存文件、文件另存等操作。

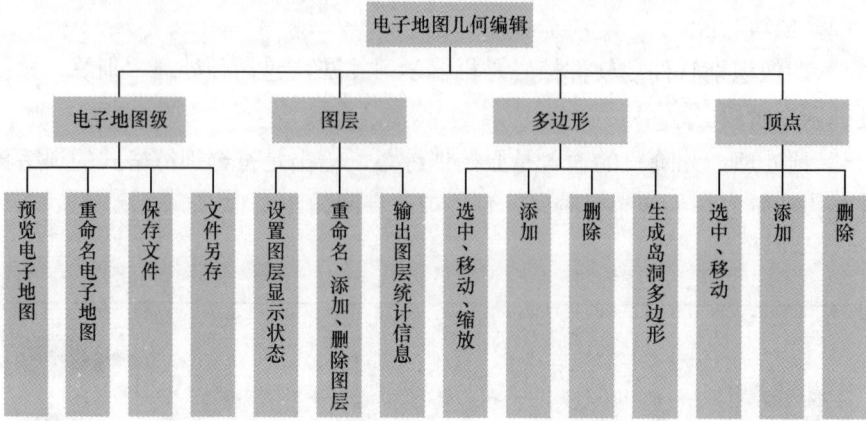

图 4-14 电子地图结构信息与几何信息编辑功能层次图

d．图层级：可以显示部分图层，隐藏其他图层，重命名、添加、删除图层、输出图层统计信息等。

e．多边形级：可以选中、移动、放缩、添加、删除多边形，还能生成岛洞多边形。

f．顶点级：在选中多边形后可以进行顶点级操作，包括选中、移动、添加、删除等。

g．电子地图对象附加信息编辑：选中某个多边形时，可以进行对象附加信息的编辑。此时，将多边形被看作一个对象，可以以键值对的形式添加额外信息，如建筑的层数、农田种植的作物等。

（3）图像识别算法设计。

1）预处理算法设计。

阶段一：把原始训练集的若干张遥感图片转化为 RGB 格式，由于训练集来源不定、格式不一、没有固定的方法，但要确保结果图片对应长×宽×3 的数组。此外，原始训练集给出的标注需要转成灰度图，每个像素的灰度值对应遥感图片相应位置的分类。标注图片命名方式为在对应的遥感图片文件名前缀后加"_class"。处理后的遥感图片和标注图片放入一个目录中。

阶段二：把已经转化为 RGB 格式的遥感图片，同对应的标注图片一起切割成若干小图片（如像素为 256×256），再进行数据增强（旋转、翻转、模糊等），生成更多的训练集。最后，从所有小图片中随机抽取一小部分作为验证集（如20%），剩余的作为训练集。

创建一个新文件夹作为预处理结果文件夹，其内有 img、label 文件夹，所有小遥感图片放入 img 文件夹内，小标注图片放入 label 文件夹内，对应的图片命名相同。再用文本文件记录随机划分的训练集和验证集的图片文件名。

2）训练与预测算法设计。训练与预测算法使用基于卷积神经网络的图像语义分割算法，对遥感图像的每个像素进行预测。输出的分类结果图是灰度图，灰度值表示类别。

图像语义分割（semantic segmentation）是图像处理和是计算机视觉技术中关于图像理解的重要一环，也是人工智能领域中一个重要的分支。语义分割即是对图像中每一个像素点进行分类，确定每个点的类别（如属于背景、人或车等），从而进行区域划分。

3）后处理算法设计。Marching Squares 算法。该算法可以从一个二维数组表示的地图中生成等值轮廓（等高线），数组值被线性插值用以提供更好的输出轮廓精度（三维的版本叫"Marching Cubes"）。

4）后处理过程。输入二维数组、轮廓级别值，返回一个多边形数组，表示生成的轮廓。分类结果图中灰度值为 0 表示未分类，为 $1\sim n$ 表示第 n 个分类。工作组需要分类结果的每个分类的轮廓，将每个分类对应的轮廓保存，后处理过程完成。

第四节 数 据 融 合

数据是智慧前期的核心资产，数据融合是确保模块顺利运行的关键。

1. 多源异构数据融合

电网建设和改造所涉及的面广泛，存在数据格式多样、数据来源多向等特点，整合系统所涉及的数据，使其融合在统一的系统中，可提高数据利用价值，建立可靠、实用的系统。在此基础上，对电网智慧建设中的数据进行分类，这些数据包括结构化、半结构化及非结构化的数据，融合多源多类型数据的通用模式，针对不同类型的数据创建统一接口库，设计多源异构数据统一融合模型以促使来源不同、数据模式不同、数据结构不同的数据进行融合化、统一化应用。

当前，电网建设中常用的数据主要包括固定长度、固定类型的数据（如存储于数据库中的数据库字段数据）、现有行业内部常用的已封装好的结构化格式数据（如 XML 格式数据、JSON 格式数据等）、现有行业内部常用的已封装好的非结构化格式数据（如地理位置图、三维立体图等），以及数据大小不固定且格式复杂的音视频数据等不同类型格式的数据，而不同的数据格式往往采取不同的存储方式和读写方式。当同一个工程涉及多种格式的数据时，采用效率低的人工逐类单独处理方式可能会造成工程的延误，也会对自动化系统带来较大的负载。因此，对各类不同格式的数据构建统一处理框架，采用数据统一处理模型对不同格式数据进行融合统一，可有效降低工程建设的数据处理复杂程度及自动化系统的负载。

智慧前期旨在整理建设前期的数据流和业务流、集成电网建设前期涉及的要素于一体的数据应用模块。为此，多源异构数据融合是其成为工程数据中枢的基本要求。

（1）系统数据分类。智慧前期建设过程中所产生或需要的数据包括项目数据和业务数据两种，来自不同时期、不同系统或不同部门的数据既有结构化数据（如部门提供数据和 XML、JSON 等格式的数据）也包含非结构化数据（如遥感图像、研究方案、图纸等），以及来自网络的半结构化数据（如网站所提供的政策法规等）。在研究多源多数据模型前，先按照各数据性质、存储方式及读写方式等属性对数据进行分类，以便之后进行模型内数据关系研究及数据统一化处理操作。智慧前期信息规划体系数据分类列表见表 4-2。

表 4-2 **智慧前期信息规划体系数据分类列表**

数据	类别	来源
专家信息	结构化数据	部门提供信息
办事流程数据	结构化数据	由系统提供接口生成的 JSON 数据
用户信息	结构化数据	系统录入
建设项目案例信息	半结构化数据	纸质版文件信息和合同、招标等系统生成数据
法规信息	半结构化数据	纸质版文件和网络数据
许可申请表格	半结构化数据	PDF 扫描件
签证、设计变更单等签字盖章文件	半结构化数据	纸质版文件和 PDF 扫描件
带地标的图像视频	非结构化数据	人工获取
VR 基础图像	非结构化数据	人工获取
基础地理信息图	非结构化数据	GIS 数据
线路塔基分布图、植被房屋田地分布图、行政区界、水路图、地下管线图	非结构化数据	GIS 数据、卫星遥感图片、1：500 倾斜摄影测量（三维模型）、高程控制、三维激光扫描、数字线划图（DLG）、数字正射影像（DOM）、实地勘测
规划控制数据	非结构化数据	成果收集

1）结构化数据。此类数据是由电力行业配合提供的，带有电力领域专业性质的内部工作流程相关的数据，如工程建设中的规章制度、现有工程师名录等，一般有统一的文件记录和相似的、有规律性的记录方式，并说明文件用途。

2）半结构化数据。此类数据是在电网工程建设的过程中产生的建设类文件，包括随时可能产生的签证类文件等。此类数据具有随机性，需要先进行识别和处理才能和结构化数据一样统一处理。

3）非结构化数据。此类数据包括音视频文件和空间数据两类。音视频文件与其他数据的关联完全依赖于其自身携带的地理信息，对于音视频的处理需要将音视频本身和其地理信息数据展开保存。而空间数据是电网工程建设中的基础数据，此类数据获取方式对测绘专业性要求高、方式多样，在进入多源异构数据融合前需要进行专业的技术处理和图层融合。

多源异构数据融合的处理方式共分为 4 个步骤，主要为数据获取、数据整合、关联关系建立、入库及调用。电网建设中的数据类型在模型预处理阶段，需完成获取数据并对各类数据内部初步整合的处理。

（2）数据预处理。在多源异构数据统一融合模型中，对数据的预处理是一项至关重要的步骤。由于数据可能有不同的来源，具有不同的结构、格式和质量，因此在进行整合之前，工作组需要先对这些数据进行一系列的处理操作，以消除它们之间的差异，提取出共同的特征，从而实现有效的数据融合。

1）对于多源异构数据，工作组需要进行数据的清洗。数据清洗的目的是去除数据中的噪声、冗余和不一致的信息。这包括处理缺失值、异常值、重复数据等问题。通过数据清洗，工作组可以提高数据的质量，为后续的数据融合打下坚实的基础。

2）工作组需要进行数据的转换和标准化。由于不同的数据来源可能采用不同的数据表示方式、单位和量纲，这可能导致数据之间的不可比性。因此，工作组需要通过数据转换和标准化，将数据转换为统一的表示方式和量纲，使它们之间具有可比性和可融合性。

3）工作组还需要考虑数据的特征提取和选择。在多源异构数据中，不同数据可能具有不同的特征，这些特征对于后续的数据分析和融合具有重要的影响。因此，工作组需要通过特征提取和选择，从原始数据中提取出最有代表性的特征，去除冗余和不重要的特征，从而提高数据融合的效果和效率。

4）工作组还需要考虑如何处理数据的安全性和隐私性问题。在多源异构数据融合的过程中，可能涉及敏感信息的泄露和滥用问题，这需要工作组采取一系列的安全措施和隐私保护方案，确保数据的安全性和隐私性得到充分的保护。

综上所述，对于多源异构数据的统一融合模型，预处理是一个必不可少的步骤。通过数据清洗、转换、标准化及特征提取和选择等操作，工作组可以消除数据之间的差异，提取出共同的特征，为后续的数据融合提供有力的支持。这不仅有助于提高数据融合的效果和效率，还能为后续的数据分析和决策提供更加准确、可靠的数据支持。存储模式组成结构图如图 4-15 所示。

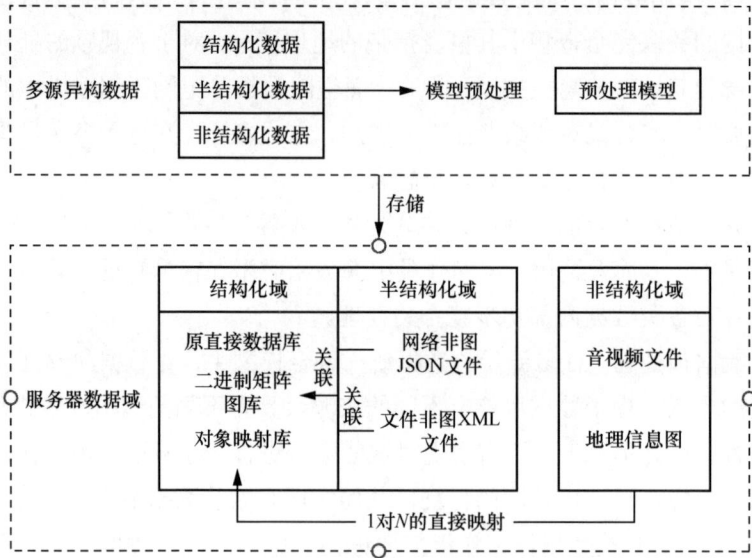

图 4-15　存储模式组成结构图

（3）数据融合。数据融合是多源异构数据统一处理模型中的核心步骤，它旨在将来自不同源的数据进行整合，形成一个统一、完整的数据视图。在电网建设前期智慧模块中，数据融合的过程需要解决不同数据格式、不同数据结构及不同数据质量之间的问题，以实现数据的无缝集成和高效利用。

在数据完成预处理后，数据融合首先需要进行数据关联和整合。由于不同来源的数据之间可能存在关联关系，因此需要通过关联和整合操作，将这些数据关联起来，形成一个完整的数据视图。这包括建立数据之间的关联关系，进行数据的合并和去重等操作，以确保数据的准确性和一致性。

其次，数据融合还需要进行数据清洗和质量控制。由于不同来源的数据可能存在噪声、异常值和不一致等问题，因此需要通过数据清洗和质量控制操作，去除这些问题数据，提高数据的质量和可靠性。这包括对数据进行去噪、填充缺失值、处理异常值等操作，以确保数据的准确性和可用性。

最后，数据融合需要将融合后的数据存储在统一的数据库中，以便后续的数据分析和应用。在存储过程中，需要考虑数据的存储结构和访问效率等问题，以确保数据的高效存储和访问。同时，还需要考虑数据的安全性和隐私性问题，采取一系列的安全措施和隐私保护方案，确保数据的安全性和隐私性得到充分的保护。

就智慧前期模块具体来讲，服务器中所存储的数据主要包含结构化数据、半结构化数据和非结构化数据三大类型数据，经过多源异构数据、融合统一模型预处理模块处理后的直接相关数据，以区块的形式存储于结构化域、半结构化域和非结构化域三个存储区域。

其中，结构化域中保存着存储于库中的原字段统一的直接数据，以行优先方式存储于相关库中的半结构化数据中的代表图片的数值矩阵图，以及用来映射对象关系的相关库；半结构化域中保存着从纸质版文件和网络中所提取到 JSON 文件及三级 XML 文件，同时与结构化域相关库中源头一致的数据相互关联，以保证数据的完整性和正确性；非结构化域中保存着音视频文件和空间数据类非结构化数据，并以结构化域中的对象映射库为中间件对两者进行 1 对 N 的直接映射。存储模式组成结构图如图 4-16 所示。

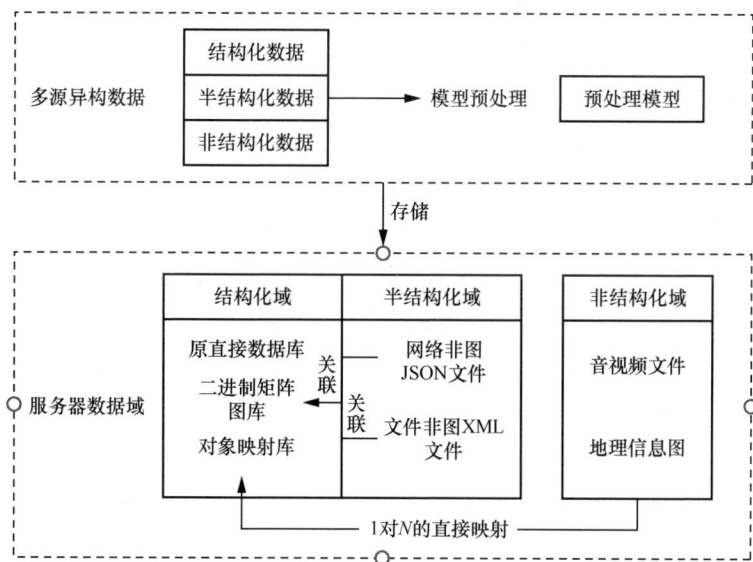

图 4-16 存储模式组成结构图

多源异构数据统一融合模型中在对相关数据进行采集和预处理之后，便需要对相关数据进一步处理以完成深度层次上的数据整合。多源异构数据统一融合模型流程图如图 4-17 所示。

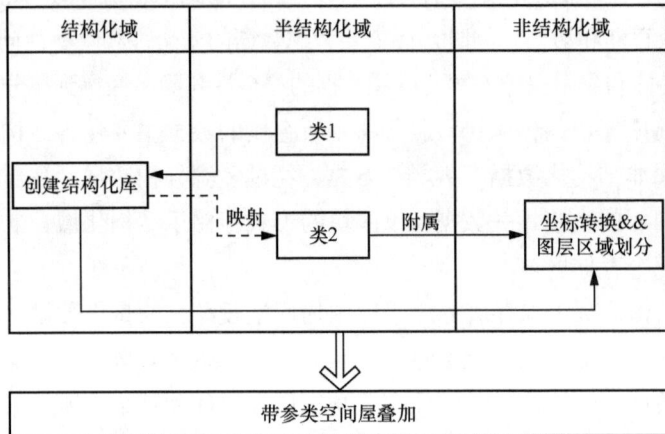

| 结构化域 | 半结构化域 | 非结构化域 |

图 4-17　多源异构数据统一融合模型流程图

该方案首先会从服务器中将已经预处理好的结构化、半结构化和非结构化数据分别读取并解析出来。对于结构化数据而言，可按照其数据类型创建数据库并将其直接入库。对于半结构化数据而言，则首先会将其按照数据类别分为两类：类 1 为结构化部分，类 2 为非结构化部分。对于类 1，创建相关库将其直接入库，而后则采取全连接的映射机制将类 1 和类 2 数据之间相互映射。对于类 2 的非结构化音视频数据，采用底层图与其音视频数据单连接的映射机制，将相关音视频数据作为底层地理分布图的一对多直连映射并作为附属参数嵌入其中。对于类 2 的非结构化地理分布类结构数据，首先对各类图进行坐标的转换及图层的分割；其次，对单图层基于人工神经网络的区域分割算法对其进行区域块的划分；最后，将结构化数据和半结构化数据作为融入参数与多个单图层，一起使用类空间图层叠加方式形成最后的融合多源异构数据的叠加式空间模型。

（4）融合数据库实现方案。电网工程建设的前期数据随着时间的推移和业务的办理，数据体量会不断增长。大量新型、异构、多源的空间大数据不断产生和存储，电网工程建设对空间数据应用的需求不断提升，数据和需求端均对传统的 GIS 带来了巨大挑战。无论是经典的关系型数据库，还是传统 GIS 的空间数据库都已经无法满足电网工程建设数据融合应用的存储和应用需求。因而，关系型数据库和非关系型数据库相结合的混合数据库存储成为必然的数据库实现方案选择方向。

　　系统设计了一种关系型与非关系型耦合的数据库。电网工程建设带有强烈的地理信息属性，需要一款 GIS 数据库作为智能化地图的数据基础，PostgreSQL是开源空间数据库，构建在其上的空间对象扩展模块 PostGIS 使其成为一个真正的大型空间数据库。SuperMap 中的 SDX+for PostGIS 引擎，可以直接访问PostgreSQL 空间数据库，充分利用空间信息服务数据库的能力，如空间对象、空间索引、空间操作函数和空间操作符等，实现高效地管理和访问空间数据，因此选择被 SuperMap 支持的 PostgreSQL 关系型数据为系统基础。同时，整合主流的MongoDB 和 Redis 非关系型数据库，利用 MongoDB 和 Redis 对半结构化数据、非结构化数据的表示和检索能力，组成电力建设时空大数据地图的数据库支撑结构，数据库结构如图 4-18 所示。其在速度上，与传统数据库相比有大幅提升，更能适应大地图读写访问与计算要求，同时又能保证数据的一致性，供使用者做决策参考的信息量也得以增加。

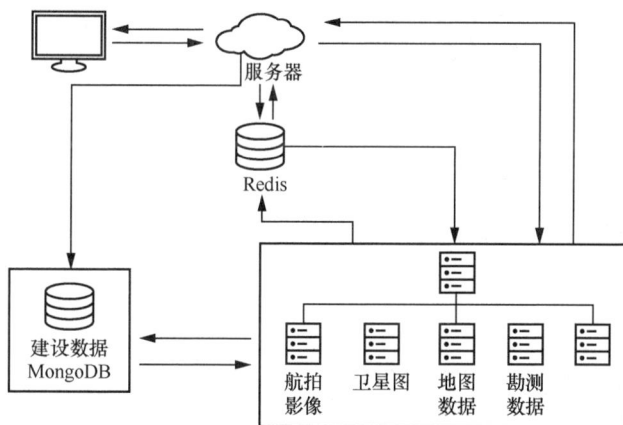

图 4-18　数据库结构图

　　通过上述数据库结构，为结构化和半结构化类的数据增加地理属性，当应用于某项工程中时，以地理信息为线索检索特定区域范围内的数据信息，通过对检索信息的挖掘分析得到目标效果。传统的关系型数据库系统，当遭遇大量的查询操作时，会因繁复的 I/O 操作而花费大量时间，本系统中将最常访问，且无复杂计算需求的结构化数据和半结构化数据（热数据），如办事流程等，通过非关系型数据库存放，在后台查询时，便可有效避免直接从关系型数据库进行查询，当热数据发生改变时，则重新加载。利用 MongoDB 的文档处理优势，保证法律法规、VR 图像、实地视频等文档类数据的存储和查看。非结构化数据中的空间数据，如勘测数据和建设数据的读写则通过直接操作关系型数据库进行，由于其I/O操作频率不高，在首次加载工程时，将该类数据读出，存放在缓存中，以供基础信息标定，通过对数据进行几何匹配及属性匹配，寻找与检索目标有地理关系的结构化和半结构化数据。

综上所述，数据融合是多源异构数据统一处理模型中的关键步骤。通过数据解析、转换、关联、整合、清洗和质量控制等操作，工作组可以将来自不同源的数据融合成一个统一、完整的数据视图，为后续的数据分析和应用提供有力的支持。这不仅有助于提高数据的利用效率和价值，还能为电网建设前期的决策和规划提供更加准确、可靠的数据支持。

2. 多源异构数据融合方案验证

在智慧前期开发过程中，工作组运用电网建设智慧前期所涉及的项目数据和业务数据，对前文所描述的多源异构数据统一融合模型进行了实际应用和验证。工作组选择了具有代表性的多个数据源，包括结构化数据、半结构化数据和非结构化数据，以确保验证的全面性和准确性。

首先按照模型的预处理流程，对各类数据进行清洗、格式转换和标准化处理。这一步骤确保数据的准确性和一致性，为后续的数据融合打下坚实的基础。

（1）结构化数据预处理。对于电网建设智慧前期信息规划系统中来自电力部门提供的专家结构化信息，经过系统功能需求分析设计数据表结构，专家库简易关系图如图4-19所示。

图4-19　专家库简易关系图

结构化数据库专家库关系模式为：

1）用户（用户id、用户名、用户密码、用户角色、工程id）。

2）专家（专家id、专家名、出生日期、性别、机构、职称、职位、电话、省份、城市）。

3）管理/应用（用户id、专家id）。

（2）半结构化数据预处理。首先是法规数据库预处理。对于电网建设智慧前期信息规划系统中来自网络的法规半结构化信息，经多源异构数据统一融合模型的处理后，设计数据表结构，法规库简易关系图如图4-20所示。

处理后的结构化数据库法规库关系模式为：

1）用户（用户 id、用户名、用户密码、用户角色、工程 id）。

2）法规（法规 id、法规类型、工程 id、工程阶段、法规信息）。

3）管理/应用（用户 id、法规 id）。

图 4-20　法规库简易关系图

在确定数据库法规库关系模式后，通过爬取获得的法规文件所生成的 JSON 字符串格式也可确定下来。

对于电网建设智慧前期信息规划系统中来自网络的法规图片信息数据，经多源异构数据统一融合模型的处理后，生成代表像素的二进制单元矩阵图结构如图 2-38 所示，这个矩阵图是图片来源数据的像素值经过系列转换之后生成的，可以将其看作是图片上各个点的像素值。

然后是案例库数据预处理。对于电网建设智慧前期信息规划系统中，来自定制版文本扫描器的文本结构案例数据，经多源异构数据统一融合模型的处理后，设计案例表结构案例库简易关系图如图 4-21 所示。

图 4-21　案例库建议关系图

结构化数据库案例库关系模式为：

1）用户（用户 id、用户名、用户密码、用户角色、工程 id）。

2）案例（案例 id、工程名、关键词、开始时间、结束时间、工程类型、工程细节、工程管理细节、工程价格、工程价格细节、设备价格细节、其他价格细节、工程曲线、工程媒体、录入时间）。

3）管理/应用（用户 id、案例 id）。

（3）非结构化地图数据预处理。

1）借助 SuperMap 工具对其进行统一的坐标转换及单图层区域划分，利用 GIS 数据库存储相应数据。然后所产生的空间数据资源分层级处理融合成一幅包含多空间等级数据的层叠式空间数据图，进一步借助机器学习技术选用经过类型丰富的训练数据训练过的、性能较优的数据分类器，将同一层级的不同类别数据进行清晰分类。最后图片与视频数据通过系统提供的接口收集，在收集的同时便为其添加了额外的信息元素，将这些元素与原数据联系为统一数据库，为之后的数据操作提供支持。

2）工作组按照模型的设计，将处理后的数据分别存储到关系型数据库和非关系型数据库中。工作组使用了 PostgreSQL 作为关系型数据库，MongoDB 和 Redis 作为非关系型数据库，构建了混合数据库存储结构。通过这一结构，工作组实现了对结构化和半结构化数据的快速访问，以及对非结构化数据的高效存储和检索。

3）在数据融合阶段，工作组采用了模型中的映射机制和空间数据叠加方式，将各类数据在逻辑上进行了整合。工作组利用全连接映射机制将结构化数据和半结构化数据相互映射，利用底层图与音视频数据的单连接映射机制将非结构化音视频数据嵌入底层地理分布图中。同时，工作组还对各类地理分布图进行了坐标转换、图层分割和区域划分，最终形成了融合多源异构数据的叠加式空间模型。

4）通过实际应用和验证，工作组发现该多源异构数据统一融合模型在电网建设智慧前期中具有显著的优势。一是它能够有效整合各类数据，形成一个统一的、全面的数据源，为后续的决策分析提供了有力的数据支持。二是该模型能够实现对各类数据的快速访问和高效存储，大大提高了数据处理的速度和效率。三是该模型还具有很好的可扩展性和灵活性，能够适应不同规模和复杂度的电网建设项目。

这一模型的经典应用场景表现为在某一工程中，如图 4-22 所示的以地理位置为线索的融合数据应用。系统可以依据地图筛选出本工程涉及的法律法规和行政条例，提前为使用者提供可能的案例及专家参考，并在该点标记相应的视频，让使用者了解该点实地情况。

3. 数据保护

在数据融合阶段，还需关注数据的安全性和隐私保护，确保数据不被泄露。为了保障数据的安全性和隐私保护，在数据融合阶段，工作组采取了多种措施。

（1）工作组对所有数据进行加密处理，确保在传输和存储过程中数据不被泄露。工作组采用了先进的加密算法，对敏感数据进行加密，只有经过授权的用户才能解密和访问。

（2）工作组实施了严格的数据访问控制策略。工作组根据用户角色和权限，设置了不同的访问级别，确保只有合法的用户才能访问相应的数据。同时，工作组还采用了审计和日志记录机制，对数据的访问和操作进行实时监控和记录，以便在发生安全事件时能够迅速定位和解决问题。

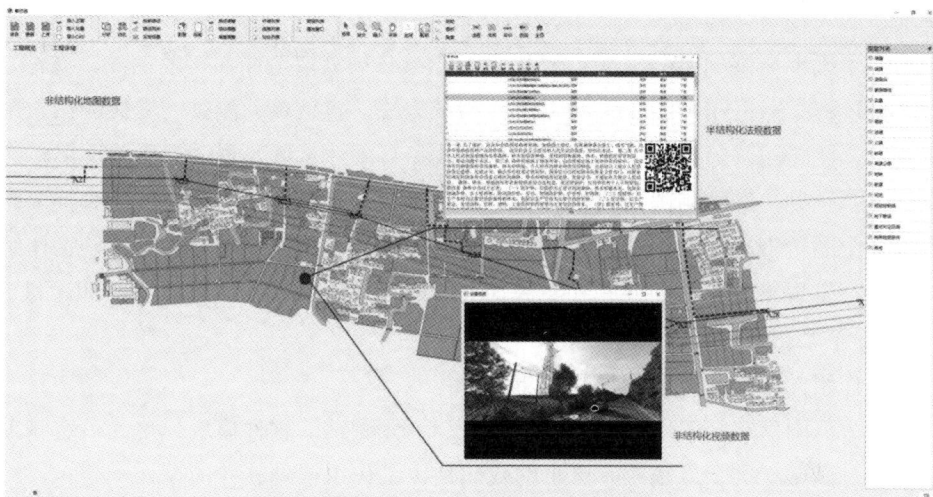

图 4-22 以地理位置为线索的融合数据应用

（3）工作组还注重数据备份和恢复工作。工作组建立了完善的数据备份机制，定期备份数据以防止数据丢失或损坏。同时，工作组还制订了数据恢复计划，确保在发生意外情况时能够迅速恢复数据，保证业务的连续性和数据的完整性。

（4）在数据融合过程中，工作组还考虑了数据的质量问题。工作组采用了数据清洗和验证机制，对数据进行预处理和过滤，确保数据的准确性和可靠性。同时，工作组还建立了数据质量监控体系，对数据的质量进行持续监控和评估，及时发现和解决数据质量问题。

在数据融合阶段，工作组注重数据的安全性、隐私保护、备份恢复和数据质量等方面的工作，确保数据的安全性和可靠性，为电网建设智慧前期提供有力的数据支持。

第五节 测 试 与 优 化

在测试阶段，对模块的各项功能进行全面的测试，以确保其稳定、可靠、高效。测试过程中，发现问题需及时反馈给开发团队进行优化。此外，还关注模块的性能调优，通过不断地优化，提高服务质量和用户体验。

在开发的最后阶段，模块测试成为至关重要的一环。它是对模块各项功能进行全面、细致、严谨的检查和验证的过程，旨在确保模块的稳定性、可靠性和高效性。在测试阶段，工作组不仅关注模块的功能是否完备，更要关注模块在各种情况下的表现是否稳定。

为了确保测试的全面性和有效性，工作组必须采取全面而有效的测试方法。在这个过程中，工作组团队采用了多种测试方法，包括单元测试、集成测试、系统测试、性能测试等，以确保测试的全面性和有效性。单元测试主要关注单点的功能是否正确，集成测试则关注模块之间的接口是否顺畅，系统测试是对整个模块进行全面检查，性能测试则关注模块在压力下的表现。通过这些测试，工作组能够及时发现模块存在的问题和隐患，并及时反馈给开发团队进行优化和改进。

1. 单元测试

工作组的单元测试流程遵循以下步骤：

（1）范围确定：工作组首先确定要进行单元测试的软件模块或单元。这些单元可以是函数、类、方法或者更小的代码块。工作组根据软件的设计和架构，选择关键的模块进行测试，以确保其正确性和稳定性。

（2）测试用例编写：针对每个单元，工作组编写详尽的测试用例。工作组考虑各种可能的输入情况和边界条件，并确保测试用例能够覆盖各种可能的执行路径。工作组的目标是尽可能全面地测试每个单元的功能。

（3）测试环境准备：为了执行单元测试，工作组设置了适当的测试环境。这可能涉及创建虚拟环境、安装必要的软件依赖项和配置适当的硬件环境。工作组致力于构建一个可重复和一致的测试环境，以确保测试结果的可靠性。

（4）执行单元测试：工作组使用适当的单元测试框架或工具，如 JUnit、PyTest 等，来自动化执行编写的测试用例。工作组运行测试套件，并观察每个测试用例的执行结果。工作组的目标是尽早发现潜在的问题，并及时采取纠正措施。

（5）结果评估：对于每个测试用例，工作组评估其执行结果。如果测试用例通过，表示相应的单元在预期的行为范围内工作正常。如果测试用例失败，工作组进行故障排除，分析失败的原因，并定位问题所在。

（6）缺陷修复：如果测试用例失败，工作组的开发人员会仔细分析失败的原因，并修复代码中的缺陷或错误。这通常涉及对代码进行调试、修改和重构，以确保单元在下一轮测试中能够通过。

（7）重复执行测试：修复缺陷后，工作组重新运行相关的测试用例，以验证修复的有效性。通过重新执行测试，工作组确保问题已经得到解决，并且相关单元在修复后的代码中能够正常工作。

（8）测试结果记录：工作组记录每个单元测试的结果，包括通过的测试用例、失败的测试用例及修复后再次通过的测试用例。这有助于工作组跟踪测试覆盖率和软件质量，并提供一个可追溯的测试历史记录。

在进行单元测试时，工作组以谨慎和耐心的态度对待每一个代码单元。工作组投入大量的时间和精力来编写测试用例，并确保它们覆盖了每个代码路径，通过仔细分析和评估每个测试结果，以了解代码的行为是否符合预期。

然而，在这个过程中，也遇到了许多挑战和困难。有时，测试用例可能无法捕捉到隐藏的问题，或者出现意外的失败，工作组没有气馁。相反，工作组从失败中吸取教训，不断改进测试策略和方法。工作组相信，每一个失败都是一个机会，以构建高质量的软件。

以下是一些常见的问题，并记录了工作组解决这些问题的方法：

（1）测试用例不全面：有时，工作组可能无法考虑所有可能的情况，导致测试用例覆盖不够全面。为了解决这个问题，工作组进行了以下操作：

1）回顾需求和设计文档，以确保工作组没有遗漏任何重要的功能点。

2）与团队成员进行讨论和合作，以获取他们的意见和建议。

3）采用多样化的思维方式，如使用边界值分析、等价类划分等技术，以确保工作组考虑了各种可能的情况。

（2）测试环境配置问题：在设置测试环境时，可能会遇到配置问题或依赖项安装错误的情况。为了解决这个问题，工作组采取了以下步骤：

1）创建一个明确的测试环境配置文档，包括所需的软件版本和配置参数。

2）自动化测试环境的搭建过程，以减少配置错误的可能性。

3）定期检查和更新测试环境，以确保其与实际生产环境的一致性。

（3）测试用例执行失败：测试用例可能在执行过程中失败，这可能是由于代码缺陷、环境问题或测试用例本身的问题。为了解决这个问题，工作组采取了以下措施：

1）仔细分析失败的测试用例，检查其日志和错误信息，以了解失败的原因。

2）进行调试和故障排除，使用断点和日志输出来跟踪代码执行过程，以查找问题所在。

3）如果问题是由于代码错误引起的，工作组及时进行修复，并重新执行相关的测试用例以验证修复的有效性。

（4）测试结果与预期不符：有时测试结果可能与工作组的预期不一致，这可能是由于测试用例设计不当或对系统行为的误解引起的。为了解决这个问题，工作组采取了以下策略：

1）仔细审查测试用例，确保其设计合理，并覆盖了各种可能的情况。

2）与开发团队和领域专家进行沟通，以确保工作组对系统行为的理解是准确的。

3）如果发现工作组的预期是错误的，工作组应及时调整预期，并相应地更新测试用例和验证标准。

总的来说，工作组解决测试中遇到的问题的方法是通过仔细分析、团队合作和持续改进来提高工作组的测试策略和方法。工作组重视每一个问题，并从中获得经验教训，以进一步提升工作组的测试质量和效率。

2. 集成测试

集成测试主要关注模块之间的接口是否顺畅。在软件开发过程中，各个模块之间的交互和协作是至关重要的。通过集成测试，工作组能够验证模块之间的接口是否按照预期工作，是否存在通信故障或数据不一致等问题。这有助于工作组及时发现和解决潜在的集成问题，确保软件系统的整体稳定性和可靠性。

工作组的集成测试流程遵循以下步骤：

（1）确定集成测试策略和计划：在开始集成测试之前，确定集成测试的策略和计划。这包括确定测试的范围、目标和优先级，制订测试计划，以及确定测试的环境和资源需求。

（2）定义集成测试用例：根据系统设计和需求规格，定义集成测试用例。测试用例应涵盖各个组件之间的接口和交互，并测试系统的功能、性能和可靠性。测试用例应该是全面的、具有代表性的，能够覆盖不同的使用场景和边界条件。

（3）配置集成测试环境：搭建适当的集成测试环境，包括硬件、软件和网络配置，确保各个组件能够正确地集成，并提供适当的测试数据和工具。

（4）执行集成测试：按照测试计划和定义的测试用例，执行集成测试。测试团队将逐步集成各个组件，并进行测试。测试人员应记录测试过程中的结果和问题，并与开发人员合作解决发现的缺陷。

（5）整合和修复问题：在集成测试过程中，可能会发现各种问题，如接口错误、功能故障或性能瓶颈。测试团队与开发团队紧密合作，共同解决这些问题。开发团队修复问题，并进行必要的调整和改进，以确保组件之间的正确集成和系统的稳定性。

（6）回归测试：在修复问题后，进行回归测试以验证修复的效果和保证其他功能的稳定性。回归测试通常包括重新执行之前通过的测试用例，以确保修复问题不会对系统的其他部分产生负面影响。

（7）生成测试报告：在集成测试完成后，生成测试报告，总结测试过程和结果。报告应包括已执行的测试用例数量、通过的测试用例数量、发现的问题和建议的改进措施。测试报告有助于项目团队对系统集成质量的情况进行全面了解。

集成测试具有以下特点：

（1）组件协同验证：集成测试主要目的是验证各个组件在整个系统中的协同工作。这意味着测试关注的是组件之间的接口和交互，以确保它们能够正确地集成并实现系统的预期功能。

（2）高度依赖性：在集成测试中，各个组件之间存在高度的依赖性。一个组件的错误或故障可能会影响其他组件的功能或性能。因此，集成测试需要检测和解决这些依赖性问题，以确保系统的整体稳定性。

（3）模块和功能集成：集成测试涉及将不同的模块或功能组合在一起，并测试它们的集成。这意味着测试团队需要理解系统的整体结构和功能，以确保各个模块之间的正确集成和协同工作。

（4）复杂性和全面性：由于系统的复杂性，集成测试需要设计全面的测试用例，以涵盖各种可能的组件集成情况和使用场景。这样可以确保系统在各种情况下都能正常工作，并且能够处理各种可能的异常情况。

（5）接口和数据流验证：集成测试重点关注组件之间的接口和数据流。测试团队需要验证组件之间的数据传递是否正确，并确保接口的输入和输出满足预期的要求。这有助于发现潜在的接口错误和数据流问题。

（6）增量式测试：集成测试通常采用增量式的方法进行。这意味着在测试过程中逐步添加和集成新的组件，以确保系统逐步完善和稳定。增量式测试有助于及早发现和解决问题，并减少整体测试的风险。

（7）问题解决和合作：集成测试中可能会发现各种问题和缺陷，如接口错误、功能故障或性能问题。解决这些问题需要测试团队与开发团队密切合作，进行有效的沟通和协作，以确保问题得到及时修复和解决。

这个过程充满了挑战和机遇，需要工作组紧密协作、充满智慧和才能。测试小组的每个成员都全身心地投入到这个任务中。

在这个过程中，小组时常面对意想不到的问题。模块之间的数据传递可能会出现异常，接口的兼容性可能会引发冲突，甚至整体性能可能无法达到预期。为此，工作组进行了系统性的测试计划，涵盖了各种场景和用例。工作组通过黑盒测试、白盒测试和灰盒测试来探索软件的边界和可能的弱点。工作组创建了复杂的测试数据，模拟真实世界的使用情况，以确保软件在各种条件下都能稳定运行。

集成测试是一个相互协作的过程，工作组与开发团队紧密合作，共同解决问题和修复缺陷。工作组进行了频繁的会议和讨论，以便更好地理解软件的整体状态。小组之间相互支持、互相鼓励，共同推动软件向前发展。

工作组在软件集成测试过程中付出了巨大的努力，通过制订全面的测试计划和策略，搭建稳定的测试环境，设计详尽的测试用例并进行有效的执行，管理和修复缺陷，并保持团队合作和沟通，取得了显著的进展。工作组坚信，这些努力为项目的成功奠定了坚实的基础。

3. 系统测试

系统测试是对整个模块进行全面检查，以验证整个模块的功能和性能是否符合要求。工作组通过模拟实际用户的使用场景，对整个系统进行全面的测试，以确保其在实际使用中的稳定性和可靠性。这种测试方法有助于工作组发现系统中可能存在的全局问题，如系统崩溃、数据丢失等，从而及时进行修复和优化。

工作组的系统测试流程应遵循以下步骤：

（1）测试准备阶段：在开始系统测试之前，需进行全面的测试准备工作。这包括仔细分析软件需求规格说明和系统设计文档，了解系统的功能、性能和可靠性需求。

（2）测试环境的设置和配置：搭建一个与实际生产环境相似的测试环境，以确保工作组能够在真实条件下进行测试。这包括安装和配置所需的软件版本、操作系统和硬件设备，同时还需设置必要的网络连接和数据库，以模拟真实的系统环境。

（3）测试用例的设计和编写：根据需求规格说明和系统设计文档，设计全面而详尽的系统测试用例。这些测试用例涵盖系统的各个功能模块和业务流程，以确保对系统进行全面的覆盖。工作组使用测试设计技术和最佳实践，编写清晰、可执行的测试用例。

（4）系统测试的执行：按照测试计划和策略执行测试用例。测试系统的功能、性能、安全性和兼容性等方面，以验证系统是否满足预期的需求和质量标准。记录测试执行过程中的输入、输出和观察结果，并确保测试过程的可追溯性。

（5）缺陷管理和修复：在测试过程中，记录和跟踪发现的缺陷，使用缺陷管理工具，确保缺陷得到及时修复。工作组进行缺陷验证，确认修复的缺陷不再存在，并进行系统级别的回归测试，以确保修复过程不会引入新的问题。

（6）性能测试和负载测试：进行系统的性能测试和负载测试，以评估系统在正常和高负载条件下的性能表现。模拟多用户并发访问和大数据批量处理等场景，验证系统的稳定性、可扩展性和响应性。记录并分析系统的性能指标，提供性能改进的建议。

（7）测试报告和总结：在系统测试完成后，生成详细的测试报告，总结测试过程中的成果和发现。这包括已执行的测试用例数量、通过的测试用例比例、发现的缺陷数量和严重性等信息。

工作组通过以上步骤和方法，确保了软件的品质和功能的可靠性。目标是为用户提供高质量、可靠的软件系统，满足其需求和期望。工作组将继续努力，不断改进、测试过程和方法，以适应不断变化的软件开发环境。

4. 性能测试

性能测试也是非常重要的一部分。性能测试主要关注模块在压力下的表现。通过模拟大量用户同时访问系统的场景，工作组可以测试系统的负载能力和稳定性。这种测试方法有助于工作组了解系统在实际运行中的性能表现，以及系统在高负载情况下的抗压能力。根据性能测试的结果，工作组可以对系统进行优化，提高其处理能力和稳定性。

工作组的性能测试流程遵循以下步骤：

（1）目标设定：在开始性能测试之前，明确性能测试的目标和预期结果。定义关键性能指标，如响应时间、吞吐量、并发用户数等，以便评估系统的性能表现。

（2）场景设计：为了模拟真实世界中的使用情况，设计代表性的性能测试场景。这些场景需覆盖不同的用户负载、并发请求、数据量和业务流程。通过这样的设计，工作组能够更好地评估系统在各种负载情况下的性能表现。

（3）测试环境准备：为了确保测试结果的准确性和可靠性，工作组需建立与生产环境相似的测试环境。使用与实际系统相似的硬件设备、操作系统、网络配置和数据库等。这样可以保证性能测试具有可重复性，并能够进行可靠的比较。

（4）性能指标测量：使用专业的性能测试工具和监控工具，对系统在各种负载情况下的性能指标进行测量和记录。这些指标包括响应时间、吞吐量、中央处理器（CPU）利用率、内存占用、网络延迟等，通过这些测量结果全面评估系统的性能表现。

（5）压力测试：逐渐增加负载和并发用户数，测试系统在峰值负载条件下的性能表现。观察系统的响应时间是否超过预期的阈值，是否存在资源瓶颈或性能下降的情况。

（6）负载测试：用负载测试来评估系统的负载容量和可扩展性。通过逐渐增加负载，测试系统在处理大量数据或并发用户时的表现，观察系统的吞吐量和响应时间，以确定系统的极限容量和性能边界。

（7）并发测试：并发测试是为了评估系统在多个并发用户同时访问和操作时的性能表现，模拟多个用户同时执行相同或不同的操作，观察系统的响应时间、资源利用和数据一致性等指标。

（8）结果分析和优化：在性能测试完成后，对测试结果进行仔细的分析，识别性能瓶颈和潜在问题，并与开发团队合作进行性能优化。这可能包括代码优化、资源配置调整和缓存策略改进等。

（9）报告和总结：撰写详细的性能测试报告，总结测试目的、测试环境、测试场景、测试结果和建议。

通过以上实际操作，工作组全面评估系统的性能，并提供性能优化的方向。工作组致力于提升系统的性能和可靠性，以提供卓越的用户体验。

综上所述，通过采用多种测试方法，工作组能够全面而有效地测试软件模块，确保其质量和稳定性。这些测试方法不仅有助于工作组及时发现和修复潜在的问题，还能为开发团队提供宝贵的反馈，指导他们进行优化和改进。通过持续的测试和优化，工作组可以不断提升模块的质量和用户体验，为用户提供更加稳定、可靠和高效的服务。

5. 系统优化

在测试过程中，工作组还特别关注模块的性能调优。性能调优是一个复杂的过程，需要对模块的硬件、网络、数据库等各个方面进行全面的分析和优化。工作组通过对模块的各种性能指标进行监控和分析，找出性能瓶颈和优化点，然后有针对性地进行优化。这些优化措施包括但不限于优化数据库查询语句、调整系统参数、升级硬件设备等。通过这些优化措施，工作组能不断地提高平台的服务质量和用户体验，让用户在使用模块时更加流畅、顺畅。

系统优化的措施与手段主要包括以下方面：

（1）资源配置优化：确保系统资源（如处理器、内存、磁盘空间等）得到合理分配和高效利用。这可能涉及资源管理、进程调度、内存管理、磁盘空间管理等多个方面。

（2）缓存机制优化：通过增加缓存的使用来减少磁盘 I/O 操作次数，提高数据访问速度。这可能包括调整缓存大小、使用更有效的缓存替换算法等。

（3）磁盘碎片整理：定期进行磁盘碎片整理，将分散在磁盘上的文件片段重新整理为连续的空间，以提高文件的读写速度。

（4）系统调试和错误修复：及时检测和修复系统中的错误和问题，确保系统的稳定运行。这可能涉及记录和分析系统日志、使用调试工具进行故障诊断等。

（5）网络优化：对于网络相关的系统，可以通过调整网络协议、配置路由器和交换机及处理网络数据包的优化来提高网络性能。

（6）组织架构和流程优化：通过精简管理层次、优化部门设置、强化团队协作等方式来提高组织效率。同时，通过流程再造、精简流程、优化工作流程等方式来提高工作效率，降低成本。

（7）技术更新和工具升级：随着科技的不断发展，及时采用先进的技术和工具来优化系统运行体系，提高系统性能。

（8）人才培养和管理：建立完善的人才培养机制、激励机制、绩效考核机制等，提高员工的工作积极性和工作效率，从而优化系统运行。

（9）供应链管理：通过建立供应链管理体系、优化供应链流程、加强供应链协作等方式来提高供应链的效率和灵活性，降低供应链成本，提高整体竞争力。

（10）质量管理和风险控制：加强质量管理和风险控制，确保系统的稳定性和安全性，降低运行风险。

以上这些措施和手段可以根据具体的系统类型和运行环境进行选择和调整，以实现最佳的系统优化效果。

总之，在测试阶段，对各项功能进行了全面的测试，并关注模块的性能调优。通过这些工作，工作组确保了模块的稳定性、可靠性和高效性，提高了模块的服务质量和用户体验。未来，工作组还将继续对模块进行持续的优化和改进，为用户提供更加优质、高效的服务。

第五章 智慧前期 数智化关键技术及展望

第一节 技 术 点 介 绍

1. 多层级勘测数据融合采集

获取勘测数据是进行工程建设工作的基础，如果没有高效可靠地获取勘测数据的手段，整个研究也就失去了意义。由于传统电力勘测手段中地质勘测、绘图的过程繁琐，依据地质测量工作形成的地图较难从三维空间体现具体地貌和地下的地质结构，传统电力勘测技术不能为电网设计提供先进的模拟功能，难以为实现智能电网建设提供根基。在本项目中，设计了一种结合卫星遥感影像、低空摄影和三维激光扫描等技术的多层级电网工程建设勘测方案。

方案以卫星图为勘测底图，卫星遥感可覆盖较大的勘测面积，同时勘测过程具有高度的可视化特征，可精准测量地面数据信息快速获取工程全线的地上影像。利用卫星图数据可在工程可研阶段审视整个工程设计走势，关注于各类大型跨越等要点与判断。但由于卫星遥感的成图可能受到分辨率因素的限制，导致成图的精准度受到影响，所以在对工程设计进行详细评估时，决策者需要更加详细的数据，但聚焦宽度相应也会变小，附着于工程沿线，此时可以通过低空摄影获取精度更高、数据更全面的拍摄影像。当遇到植被茂密或建筑覆盖情况复杂的地况时，使用三维激光扫描技术获取被遮盖的地表要素数据，使获得的数据更为详实。将三个层级的勘测数据进行叠加，使地图在不同的设计层级满足不同的设计焦点，优化了前期设计工作流水线，使得某些工作可以并行进行，全面提高工程前期数据采集应用的效率。多层级勘测技术融合如图 5-1 所示。

对比于传统的勘测，方案将勘测数据电子化，形成电子地图，更真实地将勘测区域的地貌描述出来，相关人员可更加准确地对成图进行观察，分析覆盖，从而设计出合理的输电线路图。在此技术的应用下，可真实地表述地事物特征，准确测绘出地理细节，形成的遥感图像还可补充传统电网测绘地图在事物标志方面存在的不足，降低了成图绘制的时间消耗，减少了勘测人员的工作量，为项目之后的研究提供了数据基础。

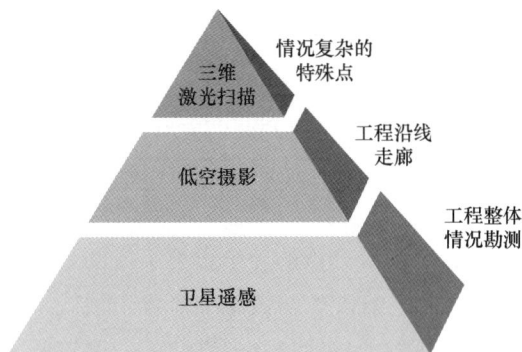

图 5-1　多层级勘测技术融合

（1）技术难点：如何确保各类勘测数据的准确性，以及如何将不同来源、不同格式的数据进行有效融合，是多层级勘测数据融合采集技术面临的难点。

（2）解决方案：针对以上技术难点，我们采取了以下措施：①利用高精度的遥感影像和无人机航拍数据，结合地面实地测量，确保数据的准确性；②通过数据标准化和格式转换，实现各类数据的融合；③利用 GIS 技术，将融合后的数据进行可视化展示和分析，提高决策效率。

通过多层级勘测数据融合采集技术的应用，我们可以更加准确、全面地了解电网建设区域的地形地貌、气象环境等信息，为电网建设的决策提供有力支持。同时，该技术还可以提高勘测数据的获取效率，降低人工成本，为电网建设的数智化转型奠定坚实基础。

多层级勘测数据融合采集技术是智慧前期的关键技术之一，它的应用将极大地提高了电网建设前期勘测数据的质量和效率，为电网建设的数智化转型提供有力支持。技术解决示意图如图 5-2 所示。

（a）航拍无人机　　　　　　　　　（b）操控采集界面

图 5-2　技术解决示意图

2. 电网建设要素图像识别算法软件

传统的电网建设工程前期仍在大量依靠人力绘制转化将勘测数据形成纸质

数据或单纯的电子数据，数据与数据之间的联系没有被很好地利用起来，发挥计算机优势，将整个勘测过程中获得的数字高程模型（digital elevation model，DEM）、数字正摄影像图（digital orthophoto map，DOM）和数字栅格图（digital raster graphic，DRG）等运用数据转换方法得到符合要求的数据来分析和建模是新型勘测得以转化应用的内部技术过程。

影像解译，作为数字图像分析的一个重要组成部分，长期以来被广泛应用于国土、测绘、国防、城市、农业、防灾减灾等各个领域。但长期以来，基于遥感影像的应用仍停留在目视解译的阶段，自动化的程度较低。随着机器学习技术的发展，如地表覆盖分类等基于遥感影像的数字图像分析技术也得到了一定程度的发展。

为了有效提高图像识别的准确率，有针对性地对图像识别的机器学习模型进行设计是有必要的。对于卫星图和数字正射影像图的自动识别项目组进行了单独的研究与优化，设计了电网建设要素图像识别算法软件，将识别目标集中于与电网建设有关的要素中来。

软件在基于一定量的目视解译样本基础上，通过各类图像处理、机器学习算法，提取影像中各类地物的特征，计算其统计信息，同时用这些种子类别对模型进行训练，随后用训练好的模型去对其他待分数据进行分类。对逐像元分类好的数据，通过图像处理算法矢量化，再转化为数字地图，最后使用电子地图编辑软件进行交互式编辑。

本软件是机器学习软件，主要使用基于卷积神经网络的图像语义分割算法，将影像图分割成植被、建筑、水系、道路等。本软件大致分为预处理、训练、预测、后处理几个阶段。

预处理、训练针对训练集。由于人工标注的训练数据来源不一、格式不一，首先要将其预处理为符合训练输入要求的数据，为提高效率，可以先绘制多个矩形面对象，选中后使用"选中对象区域裁剪"，裁剪方式选择"多对象拆分裁剪"，其中，值得注意的是，为了提高模型的训练效果，平衡样本像素级别标签分布，将航拍中的一些全是草地、植被的区块要进行剔除。接着，使用预处理好的训练集对神经网络进行训练，生成模型。在这个步骤中，项目采用 Tensor Flow Data 的应用编程接口（application programming interface，API）来搭建高性能流水线。这样，可以更好地利用异构的资源，图形处理器（graphic processing unit，GPU）用于网络的前向推理和反向传播，CPU 用于异步的利用数据流水线加载数据。

预测、后处理针对测试集。对于需要标注的航片，使用训练好的模型预测得到栅格格式的分类结果。后处理把此分类结果转化为矢量格式。最后，将优化后的模型进行部署，实现图像识别的实际应用。模型的部署主要需要考虑提供高并发及高可靠性的服务。深度学习模型一般都对算力有相当的要求，因此深度学习模型的部署首先要考虑的就是算力及服务的延时。对于服务大规模的深度学习模型吞吐性能和高可靠能力也是十分重要的。要想实现高吞吐就需要对于异步请求和批处理来进行优化。除此之外，对于模型的迭代和模型试验，区别模型的版本是一个重要的功能。针对批量处理的优化部分，可以极大地提高模型的计算能力以及减少相应的延时。每一次对于模型的推理操作都要耗费大量的算力和时间。因为将多个请求的数据结合成批同时传入，由于模型训练时多采用批量进行训练，推理时可以用和一个样本传入的相同的算力和时间完成一个批次数据的处理。这样就可以极大地缓解请求样本的排队及性能瓶颈。

之后将遥感图像识别软件输出的矢量格式分类结果转成电子地图，然后对电子地图进行交互式编辑。对于电子地图的编辑主要包括两方面：一方面，对结构信息与几何信息的编辑，包括电子地图、图层、多边形、顶点四个级别，主要作用是对自动识别不准确的地方进行调整；另一方面，对对象附加信息的编辑，将每个多边形看作对象（如一栋建筑、一片农田），允许添加、修改、删除、查看对象的附加信息。为系统快速自动化构建有丰富信息的电子工程地图提供支持。分析结果示意图如图 5-3 所示。

图 5-3　分析结果示意图

（1）基于超像素的高分辨率遥感图像分类算法。电网前期建设的过程中，由于卫片的清晰度不足，且无法保证时效性，所以需要进行高清航摄来获取建设区域的最新数据。对大量航拍结果进行传统的人工标注费时费力，因此需要一种自动化方法进行标注。当前，遥感影像地表覆盖物分类主要有两种做法：

1）基于像元的方法。此类方法的分类对象是像元，对于高分辨率遥感图像，由于纹理信息丰富，传统的基于光谱特征和纹理特征的方法难以捕捉到高层语义信息，表现不佳。随着深度学习的兴起，深度学习模型常常被用于基于像元的分类。有的方案使用自动编码器（auto eneoder，AE）对遥感影像进行分类，但泛化能力较差。有的方案使用深度信念网络（deep belief network，DBN）四对遥感影像进行分类，克服了直接对深度神经网络训练容易出现的局部最优问题，但要求输人数据具有平移不变性。还有方法是使用卷积神经网络（convolutional neural network，CNN）进行图像语义分割，全卷积神经网络（fully convolutional net-work，FCN）是该领域的里程碑。其后，基于 FCN 又出现了诸如 SegNet、PSPNet 等优秀的图像语义分割网络。有的方案使用 CNN 对遥感影像进行了分类，但 CNN 要求对大量的数据进行训练。由于深度神经网络参数量庞大、参数矩阵稀疏，在高分辨率遥感图像的地物分类中效率较低。另外，基于像元的方法对噪声比较敏感，分类结果较不规则，不利于生成矢量化结果，给 GIS 应用带来了额外的麻烦。

2）基于超像素的方法。高分辨率遥感图像中，大量相邻像素具有相似性，在分类时可以看作一个整体，此类方法可以有效减小以像元为处理单元的椒盐噪声。此类方法先将遥感图像分割为超像素，再以超像素为单位进行分类。图像分割的方法有区域生长、区域分裂合并、简单线性迭代聚类（simple linear iterative clustering，SLIC）等，其中，SLIC 效率高，边缘贴合度好，分割结果均匀在高分辨率图像分割中效果显著。一般的分割方法难以将一个完整的对象，如房屋、河流分出来，因此有在分割步骤后进行超像素合并的方法。特征提取步骤使用的特征一般有光谱特征、纹理特征和形状特征。光谱特征一般使用 HSV（hue saturation value）、RGBCIELab 等颜色空间的颜色直方图；纹理特征的提取方法有局部二值模式（local binary pattemm，LBP）、灰度共生矩阵（grey-lev.el co-occurrenee matrix，GLCM）、Gabor 滤波等；形状特征有 Rays 特征、Hu 特征等。图像分类步骤常使用监督分类方法，如决策树、随机森林、支持向量机（support vector machine，SVM）和人工神经网络（artificial neural network，ANN）等。

为了高效地对高清航片的地表覆盖物分类，尤其是分辨率达到 4cm 的高清航片，以及考虑后续生成 GIS 地图的需求，智慧前期使用基于超像素的方法。下文以泰日线为例对该方法进行验证。

工作组提出一种基于超像素的高分辨率遥感图像地表覆盖物分类方法，先将图像分割为超像素，再对每个超像素进行特征提取和分类，显著降低图像分割与分类的计算量。遥感图像分割与分类流水线如图 5-4 所示。

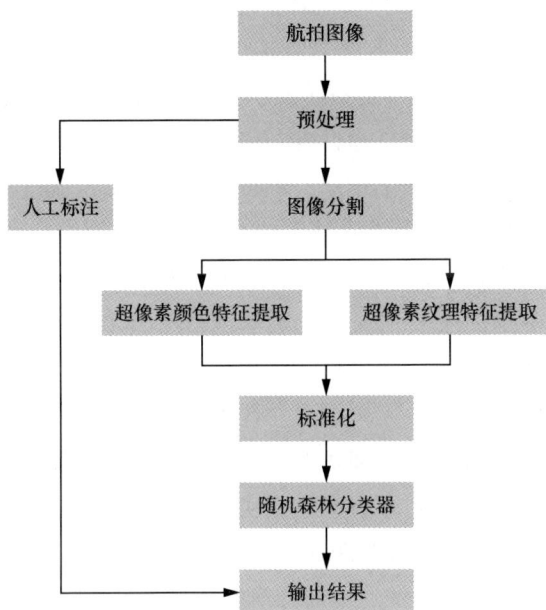

图 5-4　遥感图像分割与分类流水线

a．图像分割。图像分割有诸多方法，在遥感图像分割中，待分割对象，如建筑、道路、河流等的边缘通常比较规则，适合使用基于 k-means 聚类的 SLIC 算法，其可以做出均匀、贴合边缘的分割，效率也高。

为了降低时间复杂度，SLIC 在每次迭代时并不会计算像素和其他所有像素的距离，而是超像素中心周围 2S×2S 内的像素。在每个像素都被分配到一个超像素中心后，重新计算超像素中心。迭代过程会持续到残差 ε 收敛到阈值以内，ε 通过超像素中心更新前后的空间距离计算。SLIC 的改进版 SLICO 会自动选择紧密度参数，在纹理区域和非纹理区域都生成形状规则的超像素，而且计算效率和 SLIC 几乎相同，因此工作组最终选择了 SLICO。

另外，由于遥感图像的类别标注是逐像素的，超像素的类别需要另行计算。本方案使用的方法是取超像素内像素数量最多的类别。

b．特征提取。图像特征提取是超像素分类的关键步骤，通过建立一个描述超像素的较小的特征空间，为超像素的分类做准备。图像特征主要分为颜色特征、纹理特征、形状特征和空间关系特征等，本方案使用前两者。图像的颜色特征是物体的最直观的表面属性，以图像中各像素点为基础，对图像区域的方向、大小等变化不敏感，本文使用的特征提取方法是颜色直方图。图像的纹理特征是指一定区域内像素的灰度或颜色的分布规律，本方案使用的特征提取方法是 GLCM 和 Gabor 滤波。

c. 图像分类。图像分类本质是模式识别，分为无监督分类和有监督分类，前者需要大量全面的专业经验信息，难以在不同遥感图像数据之间推广，后者则易于在有足够训练样本的情况下推广，取得更高的分类准确度。

模式识别中有很多监督分类方法可以直接应用于图像分类，如人工神经网络、支持向量机、决策树、随机森林等。其中，人工神经网络可以提取到更高层的特征，但可解释性差；支持向量机的数学逻辑严谨，能保证泛化性，但超参数不易确定，且时间复杂度高；决策树计算量小，易于理解，适合高维数据，但容易过拟合；随机森林由多个决策树组成，具备决策树的优点，又克服了决策树过拟合的缺点。因此，工作组采用随机森林进行超像素的分类。

工作组在泰日线项目中对本方案进行实验，采用飞马智能航测系统 F200 固定翼无人机，搭载 SONY DSC-RX1RM2 传感器获取作业区范围内的真彩色影像，飞行高度 150m，航摄数字影像的地面分辨率达到 2cm，航向重叠度 80%、旁向重叠度 60%。

获取原始航摄数据后，需要对其进行拼接处理，并进行畸变校正、图像去噪、图像去雾等操作。通过 GNSS-RTK 技术，对像片进行控制测量，获取像控点的平面和高程坐标，生成数字高程模型（DEM）。利用全数字摄影测量系统进行空三加密，制作数字正射影像图（DOM）。在 DOM 的基础上，进行地物的手动标注，本文标注了三个类别，分别为植被、建筑、水系。DOM 是一张覆盖研究区的遥感图像，难以一次性处理，故从中截取五张大小为 3328mm×3328mm 的图，以及对应像素的标注信息作为数据集。

本方案算法使用 Python 实现，在 Intel i7-6700HQ CPU 上进行测试。对一张 3328mm×3328mm 的图像进行平均间距为 50mm 时的超像素分割，耗时约为 18.09s（单线程），特征提取耗时约为 304.06s（单线程）。对 5 张上述图像的超像素分割结果进行随机森林分类，树的数量设为 50，训练耗时约为 1.42s（多线程），验证耗时约为 0.14s（单线程）。

由上述数据可知，本文方法在分类步骤效率很高，主要耗时都在超像素分割和特征提取步骤，尤其是特征提取。

图 5-5 为数据集中的一张示例遥感图像及其对应的人工标注，其包含着丰富

的地物。

图 5-5 示例遥感图像（左）及其人工标注（右）

图 5-6 为使用 SLICO 算法在超像素平均间距为 50mm 时的分割和分类结果。分割图中，超像素整体分布较为均匀，与边界有较好的贴合度。分类图中，可以看到该方法避免了像元级椒盐噪声的产生，但还有一些零星超像素的错分现象，产生超像素级的椒盐噪声，但比像元级椒盐噪声更容易后期人工去除。

图 5-6 示例遥感图像超像素分割图（左）和分类图（右）

表 5-1 为一次测试结果，Kappa 值为 0.58。各个类别中，植被的准确率和召回率都比较高，而建筑与水系的召回率较低，意味着建筑与水系被错分为其他类别的情况较严重。

相对于单独使用某个特征，组合使用多种特征可以达成更好的结果。然而，综合使用特征的结果和仅使用 HSV 特征的结果是接近的，说明 HSV 特征在分类中最为重要。相对而言，纹理特征并没有起到很好的作用，可能的原因是，地物纹理过于复杂，噪声过多，并不能给分类算法提供足够有用的信息。

本方案从针对超高分辨率遥感图像地表覆盖物分类问题，提出了一种基于超像素的分类方法，与非超像素的方法相比，显著减少了训练时间，也降低了后续电子地图制作的工作量。实验结果中，针对超像素同类预测结果中出现不连续的问题，可以考虑超像素合并的方法，先将属于同一个对象的超像素进行合并，再进行特征提取和训练、预测。对于准确率不够高，尤其是建筑与水系的召回率很低的问题，原因可能在于超像素的特征只是局部特征，缺乏全局信息，难以通过超像素内部的特征正确区分其类别，可以在超像素合并或特征提取时考虑全局特征。在分析特征时发现，分类效果基本上是由 HSV 特征提供，Gabor 特征和灰度共生矩阵（grap level co-occurrence matrix，GLCM）特征的加入对分类并没有产生有效的增益，因此有必要优化特征提取的方法，或者使用其他特征。

表 5-1　　　　　　　　　　　　　　测试结果

类别	准确率/%	召开率/%	F1 值/%	占比/%
其他	69	60	64	31
植被	80	93	86	56
建筑	79	50	61	8
水系	83	47	60	5
总体	77	77	76	100

（2）基于优化神经网络的遥感影像语义分割算法。航拍图像和遥感图像识别长期以来得到了测绘、国防、农业等领域的广泛应用，随着深度学习和卷积神经网络（CNN）的高速发展，地表覆盖物分类等基于遥感影像的自动化分析技术也得到了一定程度的发展。

在过去的 10 年内，视觉模型的发展主要有两个主流方向，分别是增加模型对于图像的理解能力和降低模型理解图像的算力消耗。通过增加模型复杂度提高精度已经得到了充分研究，但如何在不损失太大精度的前提下，降低模型的大小和算力消耗仍有待探索。为了使深度学习模型得到更广泛的应用，尤其是在移动端设备上应用，这样的探索是必须的。

目前，学术界已有一些模型优化的成果，例如，MobileNetV2 和 ShuffleNetV2。从优化的不同时间阶段，模型优化可以分为训练阶段和推理阶段。在模型训练阶段，可以更改模型权重更新的过程，从而提高训练效率；在模型推理阶段，可以将训练好的模型进行编译优化，得到一个体积更小、运行更快的部署模型。

1）训练阶段的优化。

a．空间可分离卷积：在不考虑通道维度的情况下，通过将卷积核分解降低运算量，但并不是任何卷积核都可以分解为两个向量，因此不具备通用性，而且计算矩阵分解还需要消耗一定的算力。

b．深度可分离卷积：在考虑通道维度的情况下，将矩阵连乘的过程优化为乘法的加法。需要注意的是，深度可分离卷积是减少卷积的参数量的近似算法和朴素的卷积并不是严格等价的。

c．量化：在不过分影响模型效果的前提下，将部分32位浮点数精度的数值降低为16位浮点数和8位整数，这样可以减少模型体积、加快训练的速度。

d．剪枝：在不过分影响模型效果的前提下，将模型的部分结构删除，从而减少模型体积、加快推理速度。

e．聚类：通过共享权重的方式来减少权重的数量，这样可以减小模型体积、加快模型收敛速度。在样本稀疏或者样本分布不均衡的部分场景下，可以提升模型的效果。聚类对于模型效果和收敛速度的提升都是鉴于当前的深度学习模型的参数数量很大、拟合能力很强这一事实。

2）推理阶段的优化。

a．常量折叠：在编译阶段将一些常量表达式的值计算出来，然后写入二进制文件中（在模型编译优化的场景下，就是优化后的模型），同时也是许多现代编译器使用的编译优化技巧。这样可以通过编译时的单次计算换取运算时的若干次重复运算。并且由于把常量表达式替换为常量，也减少了存储空间，因此也可以减小模型的体积。

b．减少死区代码：经过模型的优化之后，可能有许多的计算步骤被跳过了，因此会出现大量的不会被触达的指令区域。减少死区代码的方法是，通过遍历所有指令来将这些代码移除掉，达到减少模型体积的效果。

c．算子融合：由于现代的机器学习建模框架都是以微型算子与图的形式来表示一个模型，适当地将一些常见的算子拓扑的序列融合成一个算子，可以极大地减少算子的内存占用和算子之间的数据传输压力，这样就会达到减少模型大小和加快模型计算速度的目的。训练阶段广泛被使用的框架有张量流（TensorFlow）和 PyTorch 等，推理阶段有 ARM NN 和 TensorRT 等。虽然这些框架都具有一定的跨平台特性，但要想做到对所有的目标设备（CPU、GPU、NPU、TPU）都能实现很好的推理性能是很难的。这是因为，各种硬件设备的计算特性有所差异，所以框架之间并不存在强通用性。

本方案基于遥感影像语义分割问题进行了实验。实验结果显示，本方案在不损失太多精度的前提下，对于缩小模型、提高训练和推理效率有着很好的效果，有利于遥感影像语义分割算法在移动端的部署与应用。

实验方法：

a. 混合精度。如今，大多数深度学习模型使用的数据精度是 32 位浮点数，占用 4 字节内存。但使用 16 位浮点数可以达到更快的运算速度和更小的内存占用，因此产生了混合精度技术。混合精度是训练时在模型中同时使用 16 位和 32 位浮点类型，从而加快运行速度、减少内存使用的一种训练方法。让模型的某些部分保持使用 32 位类型的目的是，既能保持数值稳定性，又能缩短模型的单步用时，在提高训练效率的同时仍可以获得同等的模型精度。

在混合精度训练时，由于权重、激活值、梯度等都使用 16 位存储，会更容易产生舍入误差和数据溢出的问题。为了使模型的准确性不损失过多，可以使用权重备份和损失缩放的方法。权重备份是指，在优化步骤中，维护、更新一份 32 位的权重。在每次迭代中，32 位权重被转为 16 位，用于前向传播和反向传播。权重备份主要防范的问题是，当产生过小的梯度，乘学习率后很容易下溢为 0，对模型准确性产生不利的影响。使用权重备份后，可以通过备份的 32 位权重恢复准确性。损失缩放的方法启发于网络训练期间对数值范围的观察，大部分 16 位可表示范围未被使用，而许多低于可表示最小值的值变成了 0。如果将这些数值增大到 2 的幂次倍，可以避免下溢产生的误差。最有效的方法是，将前向传播后得到的损失值缩放，再进行反向传播，根据链式法则，后续的梯度也会被缩放同样的倍数。在选取缩放倍数的时候，只要不导致溢出，缩放因子越大越好。如果产生溢出，将使权重或梯度产生无穷大，而这是无法恢复的。

b. 权重剪枝。权重剪枝通过删除神经网络层之间的连接，从而减少参数，进而减少计算中涉及的参数和运算量，有利于模型压缩，对于模型的存储与传输来说都有好处。权重剪枝方法可以消除权重张量中作用不大的值，这一步通常会用到某些启发式方法，如计算权重张量的平均激活值来对权重张量中的值进行优先级排序，找到一定范围内的低优先级的权重，再通过将神经网络中这些参数的值设置为 0，以消除神经网络各层之间不必要的连接。由于在权重剪枝过程中，如果一次性剪枝掉太多张量中的值，可能会对神经网络造成不可逆的损伤，因此权重剪枝方法常常是迭代式进行的，即训练与剪枝过程的交替重复。稀疏张量可以实现很好的压缩效果，因此很适合进行压缩。权重剪枝过程之后，由于张量中存在大量为 0 的参数，所以可以很好地进行模型压缩，以达到降低模型大小的目的。

下面叙述一个具体的剪枝方法。对于选择修剪的每一层，添加一个二进制掩码变量，与每层的权重形状相同，用于确定哪些权重参与运算。前向传播时，对权重按绝对值进行排序，绝对值最小的权重对应的掩码被设为 0，直到达到所需的稀疏度。反向传播过程中，在前向传播中被屏蔽的权重不会得到更新。需要注意的是，为了避免对模型的准确性产生太大影响，设定的稀疏度需要经过多次调整。学习率大小与其调整方式是另一个对模型精度影响很大的地方。如果学习率会下调很多，在学习率大幅下降、网络已经被剪枝后，网络将难以从剪枝带来的准确率下降中恢复。如果初始学习率过高，可能意味着当权重尚未收敛到一个好的解时修剪权重。这里描述的剪枝方法不依赖于任何特定网络的属性，具有高度的泛化性。

c. 权重聚类。权重聚类通过用相同的值替换权重中的相似权重来减小模型的大小。通过在模型的训练权重上运行聚类算法，可以找到这些相似的权重，并把这些相似的权重用同样的值进行替代。权重聚类在减小模型存储空间和传输大小方面具有直接优势，因为具有共享参数模型的压缩率要比不具有共享参数的模型高得多。这样的模型压缩方法类似于权重剪枝，不同之处在于，权重聚类是通过增加共享权重的参数个数来实现的，而剪枝是通过将低某个阈值的权重设置为 0 来实现的。由于权重聚类会将模型中所有参数替换为给定个数的共享权重值，所以在应用权重聚类方法之前，通常需要对模型进行一些预训练，使得模型的参数更新到一个可接受的水平之后，再使用权重聚类对参数进行微调。将模型进行权重聚类后，可以应用常用的压缩算法进行压缩。由于权重聚类后的模型中存在大量的共享参数，可以实现更高的压缩率。

在具体实现过程中，由于聚类中心对于聚类效果有影响，需要选择合适的权重初始化方法，线性初始化是最优的方法。计算相似权重的常用方法是 K-means，并用欧氏距离度量权重和聚类中心的距离。聚类完成后的聚类中心就是共享权重。

d. 编译优化。编译优化是将编译前端生成的模型在编译器中端通过计算图的优化方法对模型进行优化。需要注意的是，针对不同的目标设备，使用的优化方法及优化策略是有所不同的，以确保生成优化后的计算图能够在目标设备上表现出最佳性能。编译优化的方法主要有：运算符合并，将多个小运算合并为一个运算；常量折叠，可以预计算能够确定的部分计算图；静态内存规划，可以预分配临时变量占用的空间，避免多次内存申请和释放；数据分布变换，可以将数据分布变换为有利于进行高效后端运算的分布，如将行主序或列主序的矩阵变换为更适合目标硬件的存储形式。

以遥感影像地表覆盖物分类为例对所介绍的方法进行验证。遥感影像数据的来源为上海市某地区的航拍图，并按照建筑、水系、植逐像素地进行了人工标注。完成语义分割任务的基准深度学习网络是深度为4的U-Net，并融合了MobileNetV2，使用TensorFlow实现。输入网络的图片像素为1024×1024。训练批次大小设为4，迭代20代，损失函数使用Lovasz Loss。

混合精度使用TensorFlow的Keras API实现，权重剪枝和权重聚类使用TensorFlow提供的工具包Pruning API和Weight Clustering API实现，编译优化使用张量虚拟机（tensor virtual machine，TVM）实现。在模型进行储存时，权重仍然按照与权重剪枝或权重聚类前的模型一样的张量格式进行存储，而并非会因为权重矩阵变得更为稀疏而采用稀疏矩阵的方式进行存储。所以，为了减少模型权重矩阵中的冗余数据的存储，在存储模型时采用无损压缩（gzip）算法进行压缩。

有预训练时混合精度会缩短训练时长并降低损失，无预训练时，则相反。使用混合精度后，缩短训练时长的表现并不稳定，并且会在一定程度上影响训练结果，但内存占用被大幅减少了。

权重剪枝与权重聚类对于推理耗时的影响非常有限，但能大大缩减模型大小，而且对输出准确度没有负面影响。之所以对推理耗时几乎没有影响，是因为尽管这两种策略会提高矩阵的稀疏度，但由于张量流默认存储的方式仍然是密集张量，所以在进行计算时，没有对稀疏张量提供计算加速的支持，仍然采用默认的计算方法。

3. 基于北斗卫星定位系统的导航

行业私有导航是一种可以应用于景区、公园等小范围区域的导航模式。它与传统导航最大的区别是支持用户的自有道路导航，让用户不再完全依赖图商的导航数据，拓展了用户的数据来源，可以帮助用户更简单快捷地获取和更新导航数据，快速构建专业的导航移动应用，也可以在已有的移动GIS应用中快速添加导航引导功能。行业导航摆脱了传统导航数据更新不及时、小范围区域内路线不全面的困扰，提供了更加准确的导航信息。

工作组利用北斗卫星提供的强大定位能力，配合基于安卓原生软件开发工具包（software development kit，SDK）和Super Map iMobile提供的工具包，研究实现私有路径勘测与行业导航手机软件。当使用者使用软件对施工入场路径进行勘测时，系统利用北斗卫星定位实时监测用户的位置是否发生改变，记录下用户的行进路径，实时将路径显示于地图中，在行进过程中，用户选择进行上传文件操作，系统将文件记录附带地理信息添加到该路径中，软件通过实时定位勘测的方法收集路网信息，进行加工处理后，完成了施工入场的勘测设计路径的确认工作。得到的路网信息则可以继续应用于参建方入场的指引路线优化中去。

智慧前期通过研究定制私有导航的方式来解决施工入场路线选择的问题，实勘人员及时反馈规划线路情况，有效规避道路条件不符、施工车辆无法进场的问题。

4. 基于GIS的空间数据分析技术与可视化展现

建设工程中有大量的图纸需要分析，这些图纸在系统的数据处理模块中，经过平台制定好的数据规范化规则处理之后，被导入到平台专门用于分析空间数据的模块中。系统将导入后的图纸转化为地理信息结构化数据，然后模块通过 GIS 中的相关技术识别结构化数据中的特定字段，如坐标、距离、性质、分类等，提取出相关信息，如规划控制线、退界间距、用地范围等。系统将提取出的数据根据类型分类聚合，根据数值差异进行细分，根据相互关系进行对比，最终整合成规范化数据。然后，系统将这些数据显式的展现在平台中的图纸界面上，并且附上此数据的综合分析结果，同时将其与数据库中的标准数据相对比，明确标注出不符规范的数据，使得用户能够快速定位差异与关键信息，以便进行后续的流程。空间数据分析流程如图 5-7 所示。

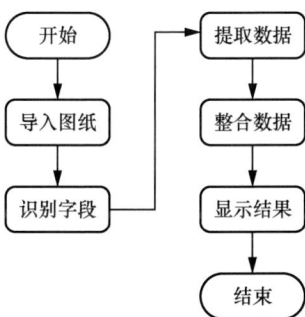

图 5-7　空间数据分析流程

其中，为了自动收集现场图纸，将采集的图纸信息用于标准的图纸信息进行比对，项目发明了一种规划验收现场的校核装置，通过图像采集模块采集现场的图纸信息，然后送入图像校验模块，自动实现项目的校核，自动化程度高，仅需要对现场图纸信息进行拍照，即可实现项目现场校核，使用起来方便快捷。

系统根据输入的施工图纸对应数值，采用数学建模、GIS 空间分析、计算机仿真等技术建立相应的建筑平面模型，用不同字段区分不同属性区域，得到相应的建筑矢量图；并通过相应的用地面积计算公式，结合当地政策要求对公有面积、建筑面积和套内面积分别进行计算，预测施工图中面积是否符合验收标准。

其中，过程中采集到的大量地理数据需要结合空间位置进行查询，因此可以建立专门的索引系统，R 树是一种常见的空间索引数据结构，其符合平台具体的服务需求。R 树索引在结构上呈现出差异，在现有插入算法应用过程中要提出有效的改进措施，采用强制性的插入技术，按照性能要求进行合理化应用。结点插入程序可能对 R 树性能产生影响，因此需要提前做好改进工作。插入次序对 R

树性能可能会产生影响，因此考虑插入的节点变化，要适当对 R 树进行调整。如果结点出现变化，无法充分利用现有空间，要保留其中相邻的部分主引导记录（master boot record，MBR），将其余部分重新插入。

选择树算法的基本思想是：以 N 作为根节点，选中 N 中的条目，确定最小覆盖范围后对新数据进行分析。其中，选中的矩形要确定最小区域，按照扩展条目要求完成连接工作，如果 N 中的子节点指针不指向结点，则说明该条目需要最小的覆盖扩展以包含新的数据矩形，选择其矩形需要的最小面积的条目来完成连接。可以将其运用到平台中各种地理数据，如点、线、面等，建立完整的索引系统之后，方便进行后续的其他空间分析操作。

5. 电力建设时空大数据融合可视化智能地图

目前，在电力建设实际工作中，伴随着管理工作的进一步细化，随之而来的是大量信息数据的产生，管理人员每天面对海量的信息要从中做出甄别、提取、分析、决策，其工作强度极高并承担着遗漏缺失的决策风险。构建电力建设时空大数据智能地图，对电力建设过程中产生的大数据进行提炼，建立信息彼此间关联，进而获得知识库，并对其高度概括的数据进行存储及可视化，既能在宏观上了解纵览全局，又能追踪某个电力建设项目的具体情况，帮助项目管理者选择正确的策略并做出决策，促进建设项目管理水平的提高。

通过对最为先进的地图应用的研究，可以发现智能地图的技术发展趋势主要表现为：

（1）地理数据多维化，通过多个维度（空间三维化、室内细节化、时间序列化）的空间数据的支撑，让地理信息的表达更多样、更详实。

（2）用户对象个性化，智能地图通过对数据的筛选过滤，贴合用户使用习惯及需求，推送个性化的应用信息，提升用户体验，让决策变得更高效。

（3）用户专业数据与地理数据的关联：利用数据挖掘的知识提取技术，找到内在的关联，帮助用户找到最佳策略。

（4）利用机器学习、深度学习等人工智能的方法处理海量的多源数据，并在智能地图中图形化地表达出来。

综合电力工程建设特点和智能地图技术的发展趋势，设计大数据智能化地图的明确需求，以长三角地区为例：

（1）辅助长三角地区整体的电力建设统筹规划，融合记录全区域包括已建成的、设计阶段的及在建阶段的电力工程情况，展示电力建设布局及发展情况。信息共享，为长三角地区电网发展设计提供全局参照。

（2）针对在设计阶段以及在建阶段的电力工程，智能化地图承载的数据应覆盖工程建设全程，在各阶段提供相应的数据服务。

（3）在电力工程的前期设计阶段，大数据智能化地图通过地理信息检索工程相关地区政策法规数据、根据工程基础数据匹配相似历史工程案例、收集近期相关社会新闻，以提供数据保证工程设计的合规性与可行性，预测工程涉及拆迁赔偿费用，从而优化设计决策。

由于建设类数据来源众多，将数据进行分类，对数据进行逐类分析，建立各自专属关键字、处理方式、目标网站等对数据进行爬取。

想要采集数据，首先需要明确采集目标。以电力建设法律法规数据为例，该类需求需要采集与电力建设有关的法律法规。那么，哪些法律法规会涉及这方面？该怎么获取要采集的关键字？是切入的要点。

首先，通过电力建设法规指南人工录入一个数据库，将获取的法规数据放入列表中做词频统计，其统计原理是将获取的数据转化为字符串，再对其做拆分处理，拆分之后做词频的统计，存入字典当中，分别是拆分后的词和其出现的频率，再对其按照频率从大到小排序，筛选出需要的采集关键词。

选定合适的目标网站后对页面进行分析，优化爬取页面机制，对数据进行采集。

关系型数据库与非关系型数据库是目前应用最为广泛的数据库。关系型数据库是指采用了关系模型来组织数据的数据库，其优点在于容易理解、易于维护、通用的 SQL 语言使得操作关系型数据库非常方便，适用于规格统一的数据。但关系型数据库强调对磁盘上数据的查询和检索，在网站使用中，读写请求的高并发性和海量数据的查询访问导致关系型数据库效率出现瓶颈。非关系型数据库则可应对海量的结构不确定的数据，如杂志论文，法律法规、社会新闻、多媒体信息等非规范型的互联网信息。但非关系型数据库数据结构相对复杂，对于数据的查询和计算支持不够。

总结以上两种数据库的特点可知，勘测数据、专业数据及一部分较为规范的建设数据由于其统一的数据结构与复杂的计算需求，适合用关系型数据库进行管理。而建设类数据来源众多，分类复杂，长度不一的文字信息、多媒体信息都包括在内，在需求方面有着频繁的读写需求，但没有与地理信息相同的计算要求，因此适合用无须经过 SQL 层解析，读写性能高的非关系型数据库进行管理。

电力建设时空大数据地图设计了一种关系型与非关系型耦合的数据库。由于大数据地图带有强烈的地理信息属性，需要一款 GIS 数据库作为大数据智能化地图的数据基础，PostgreSQL 是开源空间数据库，构建在其上的空间对象扩展模块

PostGIS 使其成为一个真正的大型空间数据库错误 SuperMap 中的 SDX+ for PostGIS 引擎，可以直接访问 PostgreSQL 空间数据库，充分利用空间信息服务数据库的能力，如空间对象、空间索引、空间操作函数和空间操作符等，实现高效地管理和访问空间数据，因此选择被 SuperMap 支持的 PostgreSQL 关系型数据为系统基础。同时，整合主流的 MongoDB 和 Redis 非关系型数据库，利用 MongoDB 和 Redis 对半结构化数据。非结构化数据的表示和检索能力，组成电力建设时空大数据地图的数据库支撑结构。速度上与传统数据库相比有大幅提升，更能适应大地图读写访问与计算要求，同时又保证了数据的一致性，供使用者做决策参考的信息量也得以增加。在电力建设时空大数据地图中，通过上述数据库结构，为各类数据增加地理属性，当应用于某项工程中时，以地理信息为线索检索特定区域范围内的数据信息，通过对检索信息的挖掘分析得到目标效果。传统的关系型数据库系统，当遭遇大量的查询操作时，会因繁复的 I/O 操作而花费大量时间，本系统中将最常访问，且无复杂计算需求的建设数据和实时数据（热数据），如气候、安全热点、城市事件、办事流程等，通过非关系型数据库存放，在后台查询时便可有效避免直接从关系型数据库进行查询，当热数据发生改变时，则进行重新加载。另外，利用 MongoDB 的文档处理优势，保证法律法规、VR 图像、实地视频等文档类数据的存储和查看。勘测数据和建设数据的读写则通过直接操作关系型数据库进行，由于其 I/O 操作频率不高，在首次加载工程时将该类数据读出存放在缓存中，以供基础信息标定。

电力建设时空大数据地图实现的效果表现为：对电力建设过程中产生的大数据进行提炼，建立信息间彼此关联进而获得知识库，并对其高度概括的数据进行存储及可视化，既能在宏观上了解纵览全局，又能追踪某个建设项目的具体情况，帮助项目管理者选择正确的策略并做出决策，促进建设项目管理水平的提高。具体来讲包括以下方面：

（1）实现待建和在建项目的空间数据的平台统一。设计了电力建设数据的地图语义环境设计，让建设工程数据统一了表现样式，图面清晰可读；通过对电力建设项目在基础地理框架下的标准化、符号化，叠加项目建设大数据聚合而成的建设信息，让管理人员在统一的平台下共享项目状态，掌握工程进展，展示设计方案，了解建设项目其他与高速、高铁、轨道交通、航道重要设施的交汇情况、协同建设项目信息。

（2）提供项目管控的决策依据。通过对建设大数据及其他可能造成影响关联数据的研究、构建影响因子权重算法模型；基于电力建设的生命周期设计，实现有效的复用优化建设工程关联数据的信息，利用网络自动化技术定期动态更新相关消息；通过对电力建设大数据的挖掘梳理，利用获得的知识库，并且融合政策法规、规划控制、环境保护、交通控制等信息，为建设项目提供管理策略，管理人员以提取概括的信息为依据做出项目决策。

智能地图提供常见的电子地图编辑与测量功能。并且在二维层面，地图提供系统支持的各类信息修改，常见的各类地图测量操作。在三维层面，通过 webGL 技术与倾斜三维网格模型数据的融合，实现了矢量、栅格、模型等多种类型数据的无缝叠加。为高速、航道、高压线路跨越三维测量提供了基础数据支撑。

第二节 平台创新点

1. 创新点一

项目集成了倾斜摄影、激光三维扫描和低空摄影测量等测绘新技术，构建了快速高效的电网建设全过程空间专题要素采集与更新体系，实现了设计与施工的智能衔接，提升了电网工程建设中数据驱动的施工管理水平。

获取勘测数据是进行工程建设工作的基础，如果没有高效可靠地获取勘测数据的手段，整个研究也就失去了意义。由于传统电力勘测手段中地质勘测、绘图的过程繁琐，依据地质测量工作形成的地图较难从三维空间体现具体地貌和地下的地质结构，传统电力勘测技术不能为电网设计提供先进的模拟功能，难以为实现智能电网建设提供根基。在本项目中，设计了一种结合卫星遥感影像、低空摄影和三维激光扫描等技术的多层级电网工程建设勘测方案。

方案以卫星图为勘测底图，卫星遥感可覆盖较大的勘测面积，同时勘测过程具有高度的可视化特征，可精准测量地面数据信息，快速获取工程全线的地上影像。利用卫星图数据可在工程可研阶段审视整个工程设计走势，关注各类大型跨越等要点与判断。但由于卫星遥感的成图可能受到分辨率因素的限制，导致成图的精准度受到影响，所以在对工程设计进行详细评估时，决策者需要更加详细的数据，但聚焦宽度相应也会变小，附着于工程沿线，此时可以通过低空摄影获取精度更高、数据更全面的拍摄影像。当遇到植被茂密或建筑覆盖情况复杂的地况时，使用三维激光扫描技术，获取被遮盖的地表要素数据，使获得的数据更为详实。将三个层级的勘测数据进行叠加，使地图在不同的设计层级满足不同的设计焦点，优化了前期设计工作流水线，使得某些工作可以并行推进，全面提高工程前期数据采集应用的效率。

对比于传统的勘测，方案将勘测数据电子化，形成电子地图，更真实地将勘测区域的地貌描述出来，相关人员可更加准确地对成图进行观察，分析覆盖，从而设计出合理的输电线路图。在此技术的应用下，可真实地表述地事物特征，准确测绘出地理细节，形成的遥感图像还可补充传统电网测绘地图在事物标志方面存在的不足，降低了成图绘制的时间消耗，减少了勘测人员的工作量，为项目之后的研究提供了数据基础。

2. 创新点二

项目建立了新型传感器多源影像地表几何特征提取和语义分类识别模型，通过空间大数据的智能学习与分析，实现了电网建设区域环境的要素识别与实景三维建图，突破了电网建设中数据智能处理与场景建图能力。

为了有效提高图像识别的准确率，有针对性地对图像识别的机器学习模型进行设计是有必要的。对于卫星图和数字正射影像图的自动识别项目组进行了单独的研究与优化，设计了电网建设要素图像识别算法软件，将识别目标集中在与电网建设有关的要素中来。

软件在基于一定量的目视解译样本基础上，通过各类图像处理、机器学习算法，提取影像中各类地物的特征，计算其统计信息，同时用这些种子类别对模型进行训练，随后用训练好的模型去对其他待分数据进行分类。

本软件是机器学习软件，主要使用基于卷积神经网络的图像语义分割算法，将遥感图像分割成植被、建筑、水系、道路等。本软件大致分为预处理、训练、预测、后处理几个阶段。之后，将遥感图像识别软件输出的矢量格式分类结果转成电子地图，然后对电子地图进行交互式编辑。对于电子地图的编辑主要包括两个方面：一方面，是对结构信息与几何信息的编辑，包括电子地图、图层、多边形、顶点四个级别，主要作用是对自动识别不准确的地方进行调整；另一方面，是对对象附加信息的编辑，将每个多边形看作对象（如一栋建筑、一片农田），允许添加、修改、删除、查看对象的附加信息。为系统快速自动化构建有丰富信息的电子工程地图提供支持。

3. 创新点三

项目构建了规范和可推广的多维地理信息数据库架构，搭建了多维度电网工程信息可视化综合分析与决策平台，实现了智能信息赋能的可视化决策，推进了电网工程建设的数智化转型与流程优化再造。

电力工程建设过程中数据来源多，包括不同管理系统数据、网络数据、现场采集数据等；数据涉及结构各异，有结构化数据（关系数据库）、半结构化数据

（网络数据）、非结构化数据（图纸、图像等）；数据又在不断变化和增量中，如建设现场场地信息（拆迁或征地前后，拆迁过程中），这些对于数据整合提出更高要求。如何把来自不同源，不同结构，不同时期数据整合，并为模块所用是关键之一。

在三维信息空间基础上将大数据分析结构中的数据层、特征层及决策层与电力系统中的传感测量层、数据管理层及应用层一一对应，搭建一个多层模式下的电力建设系统大数据多源数据融合处理方案，给出了一种大数据处理架构的融合处理框架及处理平台性能优化的方法。

经过数据预处理，半结构化数据和结构化数据形成了规范的结构数据。将这些数据以预处理中说明的数据库设计为基础，在系统中建立相应的数据库，将数据按照规则填入，并采取全连接的映射机制使结构化部分与非结构化部分相互映射。预处理好的地理信息与图片、视频及 VR 数据通过预处理中得到的额外元素进行一对多直连映射进而产生耦合，将图片、视频及 VR 数据绑定至地理信息中的特定坐标或围栏中，将结构化数据和半结构化数据作为融入参数与多个单图层一起使用类空间图层叠加方式，形成最后的融合多源异构数据的叠加式空间模型。

数据的融合为电网工程建设工作的流程优化提供了新可能，有效挖掘了电网建设数据的潜在价值。

第三节　技术驱动展望

随着人工智能、大数据、云计算等技术的不断发展，智慧前期模块将更加注重技术的应用和创新，以提高平台的核心竞争力。预期向三维化数据、人工只能模型、碳评估三大方向进行研究和发展。

1. 三维地理信息数据

近两年，国网上海市电力公司发布了电网工程数字地理信息数据采集及交付标准的，规范了电网工程数字地理信息数据采集与交付，采集获取了部分电网工程二维层面和三维层面数字地理信息，数据包括 DOM、DEM&DSM、地形图、地下管线探测成果图、地质数据、点云数据、三维倾斜模型、三维单体模型等数智化地理数据。在统一规范的约束下，国网上海市电力公司 2022 年 10 月起获取的上述数据都严格要求规范格式，数据参数整齐，有较好的使用基础。

2. 大数据利用

随着上海电网建设的发展，越来越多的输变电工程项目启动建设，而电力工程项目往往投资大、周期长、技术难、接口多、管理协调十分复杂、涉及参建单位广、项目管理信息量大，这种情况引发输变电工程项目管理更多的复杂性与不可控性。输变电工程建设过程中，如果建设过程操作不规范，会产生极大的风险，不但会影响工程建设的质量，而且可能造成非常严重的安全隐患与工程事故。针对上述情况，智慧前期在前两期的建设中，建立健全了电力工程建设法规数据库、案例数据库和专家数据库，并通过配套的流程功能，辅助工作人员解决前期工作中的协调性难题。同时，截至目前，智慧前期依靠国网上海建设咨询公司现有建设工程数据，形成了拆迁评估模型、工程合规评估模型，均是对工程建设大数据进行的应用。

3. 节能减排

在我国，碳中和已成为工程建设领域的重要议题。随着全球气候变化问题日益严峻，我国政府提出了"双碳"目标，即力争 2030 年前实现碳达峰、2060 年前实现碳中和。在这一背景下，工程建设领域需要积极探索低碳、零碳甚至负碳技术，以降低碳排放，助力我国实现碳中和目标。国网上海建设咨询公司当前节能减排的建设工作侧重于工程建设过程监管及电网运行维护的过程中：一是绿色建筑材料的应用越来越广泛，降低建筑物的碳排放；二是节能环保技术的应用，提高能源利用效率，降低能源消耗。

第四节　功能应用展望

1. 积极利用三维数智化测量探索成果

空间数据分析：系统导入、分析三维勘测及设计数据，通过将电网设计线路和设备与三维地形、建筑物等数据相结合，可以进行空间冲突分析和优化，以避免与其他设施（如管道、通信线路等）的冲突，帮助电网线路与周围环境的关系协调，评估电网建设的可行性和风险，确保电网建设的安全性和可靠性。

可视化展示与沟通：通过将电网设计与实际地形和环境相结合，生成逼真的三维可视化实景效果，使相关各方更容易理解和评估工程方案。这有助于促进与各方的沟通和合作，提高工程方案的可接受性和可行性。

2. 支持生成建设工作的节能减排

智慧前期可以构建基于地理信息、电网数据和智能算法的建设工程评价系统，预估建设计划的资源和效能转化比，帮助决策者通过优化电网施工计划、设备配置，以降低能耗减少排放。

上海融汇信息技术服务有限公司的碳排放计算方法等一系列成果并予以深入开发，逐步构建模拟工具，在工程前期评估电网建设过程中的碳足迹。通过数据收集、分析和建模，可以精准确定电网建设过程中的碳排放量，并提前制定相对应的碳中和措施，实现电网建设过程的低排放，甚至零排放。

3. 使智慧电力率先受益AI+大模型赋能

智慧前期可构建问答社区模块，帮助电力人员在社区中交流学习。通过在社区中嵌入通用人工智能模型，提供智能咨询服务，并提供各种专业参考意见，打造电网建设智慧社区生态。

同时，可通过分析电网线路中的敏感点位，以电网建设历史数据、案例数据、法规数据为数据基础，利用大模型推荐并优化方案，在设计、施工、证照办理等各个方面提供不同情况下的可优化方案。

第五节　智慧前期的进一步探索

随着信息技术的迅猛发展和建设工程对智能化需求的日益增长，智慧前期模块应运而生。

1. 前两期建设的总结

智慧前期一期的成功搭建，标志着智慧前期模块的初步形成。在这一阶段，完成了勘测、流程、法规模块的初步建立，为电网建设提供了坚实的技术支撑。通过深入研究与实践，一期工程取得了丰硕的知识成果：建立了3套完善的数据库，制订了2份详尽的技术方案，并获得了3份软件著作权。这些成果不仅证明了智慧前期模块的可行性，更为后续的发展奠定了坚实的基础。

智慧前期二期则在前期的基础上进行了全面的优化与升级。二期工程重点完善了智慧前期模块基于GIS的多源数据辅助决策功能，通过引入地理信息系统技术，实现了多源数据的整合与可视化，为决策提供了更加全面、准确的数据支持。同时，二期工程还加强了图像分析软件的功能，提高了识别的准确性，进一步完善了数据库。在多源异构数据挖掘与融合方面，二期工程取得了显著的研究成果，形成了2项软件著作权和3项专利，并发表了2篇相关论文。

经过两期的基础研究与建设，智慧前期模块已经具备了投入建设工程使用的完备条件。目前，已在国网上海建设咨询公司多个工程中试用，并取得了显著的成效。通过智慧前期模块的应用，工程前期工作效率得到了显著提升，工作水平也迈上了新的台阶。智慧前期模块的成功实践不仅证明了信息化技术在建设工程领域的重要价值，也为行业的未来发展提供了有力的技术支撑。

2. 不断探索与迭代

随着科技的飞速发展，数智化转型已成为企业转型升级的重要契机。国网上海建设咨询公司紧跟时代步伐，以数智化转型为契机，全面对接上级部署的基建平台，旨在通过数智化手段赋能工程一线，提升电网工程项目全过程管理的效率和智能化水平。

在这一过程中，智慧前期的建设作为国网上海建设咨询公司数智化工作的重要一环，发挥着举足轻重的作用。它不仅是全过程智慧建设管理模块的一块拼图，更是推动电网工程管理数智化能级提升的关键环节。

智慧前期的建设涉及多个方面，包括项目策划、设计、预算等多个环节。通过运用大数据、云计算、人工智能等先进技术，实现对项目全过程的数智化管理和监控。这不仅可以提高项目管理的精度和效率，还可以有效避免项目过程中的各种风险和漏洞，确保项目的顺利进行。

智慧前期的建设能够实现对项目需求的精准把握和预测，确保项目策划和设计符合实际需求。同时，通过对项目预算的数智化管理，可以更加精准地控制项目成本，避免预算超支和浪费。此外，智慧前期的建设还能够实现对项目进度的实时监控和预警，确保项目按时、按质完成。

值得一提的是，智慧前期的建设并不是孤立的，它与全过程智慧建设管理模块的其他环节紧密相连，共同构成了电网工程项目数智化管理的完整体系。通过数智化手段，将各个环节紧密衔接起来，实现信息的共享和协同，从而提升整个项目的管理水平和综合效益。

智慧前期模块的探索与实践是一个不断创新和完善的过程。通过一期、二期的连续研究与建设，智慧前期模块已经逐步成为建设工程领域的重要工具。未来，随着技术的不断进步和应用需求的不断提高，智慧前期模块将继续发挥其在建设工程领域的重要作用，推动行业的持续发展与进步。

电网工程的初期建设阶段，通常被认为是一个复杂且繁复的过程。为了实现其数智化与智能化的推进，必须对现存问题进行深入剖析，并对模块功能进行全方位的分析与优化。智慧前期的概念为我们铺设了一条清晰的道路，为电力建设前期的电子化筑好了稳固的框架，为解决传统建设过程中的痛点问题打开了突破口。

面对这一挑战，需要基于项目本身进行更为深入的技术研究与应用研究。这意味着，我们需要不断地审视现有模块框架，探索其潜在的优化空间，确保模块结构更为紧凑，功能更为贴合电力工程建设的实际需求。通过这种方式，可以将模块推向更高的层次，实现更好的性能和更优的用户体验，从而确保模块始终保持竞争力与活力。

优化模块并非一蹴而就的事情。对于建设期和投入使用的项目，同样需要利用智慧前期的成果，对项目进行持续跟踪、有效管理和全面回顾。这不仅可以解决更深层次的痛点问题，还可以帮助我们积累宝贵的工程数据，为未来的电力建设提供有力的数据支持。

附录 I 证 照 样 张

附图1：建设用地规划许可证

中华人民共和国

建设用地
规划许可证

中华人民共和国自然资源部监制

中华人民共和国

建设用地规划许可证

编号

　　根据《中华人民共和国土地管理法》《中华人民共和国城乡规划法》和国家有关规定，经审核，本建设用地项目符合国土空间规划和用途管制要求，颁发此证。

发证机关

日　　期

用地单位	
项目名称	
批准用地机关	
批准用地文号	
用地位置	
用地面积	
土地用途	
建设规模	
土地取得方式	
附图及附件名称	

遵守事项

一、本证是经自然资源主管部门依法审核，建设用地符合国土空间规划和用途管制要求，准予使用土地的法律凭证。
二、未取得本证而占用土地的，属违法行为。
三、未经发证机关审核同意，本证的各项内容不得随意变更。
四、本证所需附图与附件由发证机关依法确定，与本证具有同等法律效力。

附图 2：建设工程规划许可证

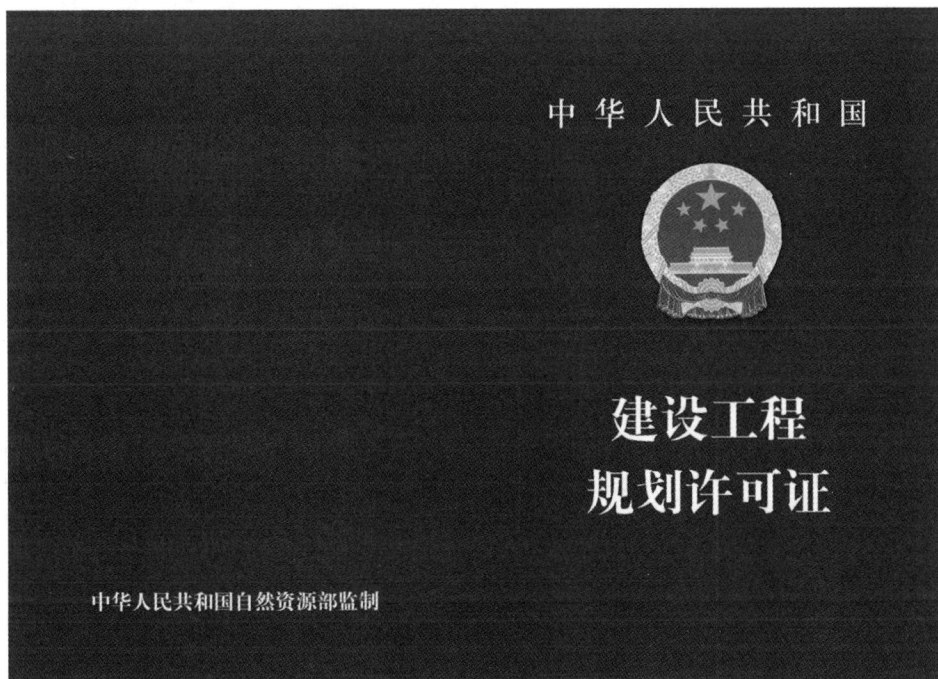

中华人民共和国

建设工程
规划许可证

中华人民共和国自然资源部监制

中华人民共和国

建设工程规划许可证

编号

根据《中华人民共和国土地管理法》《中华人民共和国城乡规划法》和国家有关规定，经审核，本建设工程符合国土空间规划和用途管制要求，颁发此证。

发证机关

日　　期

建设单位	
建设项目名称	
建设位置	
建设规模	
附图及附件名称	

遵守事项

一、本证是经自然资源主管部门依法审核，建设工程符合国土空间规划和用途管制要求的法律凭证。
二、未取得本证或不按本证规定进行建设的，均属违法行为。
三、未经发证机关审核同意，本证的各项规定不得随意变更。
四、自然资源主管部门依法有权查验本证，建设单位（个人）有责任提交查验。
五、本证所需附图与附件由发证机关依法确定，与本证具有同等法律效力。

附图 3：施工图设计文件联合审查合格书

报建编号：

证书编号：

上海市建设工程房屋建筑项目施工图设计文件

联合审查合格书

建设单位：

项目名称：

桩基部分：

单体部分：

围墙部分：

构筑物部分：

根据国家和本市关于建设工程施工图设计文件审查的管理规定，并受<u>消防、民防、卫生、水务、抗震</u>等部门的委托，本机构对该项目施工图设计文件以及<u>其中的消防设计、结合民用建筑修建防空地下室设计、预防性卫生设计、节水设施设计、抗震设防专项设计(超限高层除外)</u>等进行统一审查，结论为合格。

审查机构：

日期：

附图4：建筑工程施工许可证

<table>
<tr><td>建设单位</td><td colspan="3"></td></tr>
<tr><td>工程名称</td><td colspan="3"></td></tr>
<tr><td>建设地址</td><td colspan="3"></td></tr>
<tr><td>建设规模</td><td colspan="3"></td></tr>
<tr><td>合同工期</td><td></td><td>合同价格</td><td></td></tr>
<tr><td colspan="4" align="center">参建单位</td></tr>
<tr><td>勘察单位</td><td></td><td>项目负责人</td><td></td></tr>
<tr><td>设计单位</td><td></td><td>项目负责人</td><td></td></tr>
<tr><td>施工单位</td><td></td><td>项目负责人</td><td></td></tr>
<tr><td>监理单位</td><td></td><td>总监理工程师</td><td></td></tr>
<tr><td>工程总承包单位</td><td></td><td>项目经理</td><td></td></tr>
<tr><td>备注</td><td colspan="3"></td></tr>
</table>

中华人民共和国

建筑工程施工许可证

编号

根据《中华人民共和国建筑法》第八条规定，经审查，本建筑工程符合施工条件，准予施工。

特发此证

发证机关

发证日期

注意事项：
一、本证放置施工现场，作为准予施工的凭证。
二、本证发证机关不得涂改，本证的各项内容不得变更。
三、经建筑和城市建设主管部门许可后方可对本证进行更新。
四、本证自发证之日起三个月内应当开工，逾期应申请延期。不办理延期或超过延期次数的，时间期过此证作废时，此证自行作废。
五、在建的建筑工程因故中止施工的，建设单位应当自中止之日起一个月内向发证机关报告，并按照规定做好建筑工程的维护管理工作。
六、建筑工程恢复施工时，应当向发证机关报告；中止施工满一年的工程恢复施工前，建设单位应当向发证机关申请核验此证。
七、凡未取得本证擅自施工的属违法建设，将按《中华人民共和国建筑法》的规定予以处罚。

附录Ⅱ　申请表样张

附表1：工程建设项目土地权属调查边界范围确认申请表

工程建设项目土地权属调查边界范围确认
申请表

申请表编号：

<table>
<tr><td rowspan="6">申报主体（单位）信息</td><td colspan="2">申报主体名称</td><td></td><td rowspan="6">申报单位盖章</td></tr>
<tr><td rowspan="2">主体标识代码</td><td>统一社会信用代码</td><td></td></tr>
<tr><td>组织机构代码</td><td></td></tr>
<tr><td colspan="2">申报主体地址</td><td></td></tr>
<tr><td colspan="2">法定代表人</td><td>法定代表人联系电话</td></tr>
<tr><td colspan="2">联　系　人</td><td>联系人手机</td></tr>
<tr><td rowspan="12">建设项目信息</td><td colspan="3">项目名称</td><td></td></tr>
<tr><td colspan="3">建设工程性质</td><td></td></tr>
<tr><td colspan="3">规划用地性质</td><td></td></tr>
<tr><td rowspan="4">申请用地面积</td><td colspan="2">地表用地面积：_____m²</td><td>在同一宗地内进行地上、地下开发建设的，只需申请"地表用地面积"</td></tr>
<tr><td colspan="2">地上空间用地面积：_____m²</td><td rowspan="3">使用本宗地以外的地上或地下空间进行建设的，需申请地上或地下空间用地面积</td></tr>
<tr><td colspan="2">地下空间用地面积：_____m²</td></tr>
<tr><td colspan="2">临时用地面积：_____m²</td></tr>
<tr><td colspan="2">拟选址（用地）四至范围</td><td colspan="2">东至：_____；西至：_____；
南至：_____；北至：_____</td></tr>
<tr><td rowspan="2">规划依据</td><td colspan="2">规划批复名称</td><td></td></tr>
<tr><td colspan="2">批复文号</td><td></td></tr>
<tr><td colspan="2">调查用途</td><td colspan="2">□用地预审与选址意见书
□建设用地审批
□补充调查</td></tr>
</table>

备注：1.《申请表》加盖建设单位公章后，扫描上传至申报系统。
　　　2. 申请土地权属调查边界范围确认，需上传工程建设项目用地（边界）范围电子图，采用 dwg 格式。
　　　3. 土地权属调查边界范围图，需在上海城市坐标系地形图基础上绘制；图层设置要求：
　　　　BJ_地表边界范围线；
　　　　BJ_地上空间边界范围线；
　　　　BJ_地下空间边界范围线；
　　　　BJ_临时用地边界范围线。

附表2：上海市建设工程设计方案（房屋建筑工程）申请表（新办）

上海市建设工程设计方案
申请表（新办）

项目编号					预约号	
收件编号		批准文号		方案编号		
收件日期		核发日期				

申报主体	申报主体名称				申报主体盖章	
	主体标识代码	□组织机构代码				
		□统一社会信用代码				
	申报主体地址					
	法定代表人		法定代表人联系电话			
	联系人姓名		身份证件号码			
	联系人联系地址					
	邮编		联系人手机号码			

设计单位	设计单位名称			
	主体标识代码	□组织机构代码		
		□统一社会信用代码		
	设计单位地址			
	法定代表人		法定代表人联系电话	
	联系人		联系人手机号码	

日照分析单位	日照分析单位名称			
	主体标识代码	□组织机构代码		
		□统一社会信用代码		
	日照分析单位地址			
	法定代表人		法定代表人联系电话	
	负责人		负责人手机号码	

建设项目概况	项目名称			
	土地类型		项目类型	建（构）筑物
	办理部门			
	是否跨区	□是　□否	跨区信息	

续表

			东至	南至	西至	北至
建设项目概况	建设地址	□四至范围				
		□门牌号				
		□图幅号				
	计划情况	是否有计划		□是 □否		
		立项批准机关				
		立项批准类型		□审批制 □核准制 □备案制		
		立项批准文号				
		项目代码类型				
		项目代码				
	规划用地性质					
	是否是世行评测项目			□是 □否		
	是否分期			□是 □否		
	是否无纸化			□是 □否		
	建设项目规划土地意见书	文号		编（证）号		有效期至
	建设用地规划许可证	文号		编（证）号		有效期至
	原建设工程设计方案	文号		编（证）号		有效期至

申请办理类别	新办

物流信息	是否快递取件	□是 □否		
	取件人		联系方式	
	收件人地址			
	寄件地址			
	邮政编码			

技术经济指标	建设用地面积（m²）			
	总建筑面积（m²）		地上建筑面积（m²）	
			地下建筑面积（m²）	
	容积率		计容建筑面积（m²）	
	最高建筑高度（m）			
	绿地率上限		绿地率下限	
	建筑密度上限		建筑密度下限	

总体技术经济指标	用地分类	地上建筑分类面积		
		居住用地	住宅建筑（m²）	社区及公共服务建筑（m²）
			基础教育建筑（m²）	

总体技术经济指标	用地分类	公共设施用地	行政办公建筑（m²）		商业服务业建筑（m²）	
			文化建筑（m²）		体育建筑（m²）	
			医疗卫生建筑（m²）		教育科研设计建筑（m²）	
			文物古迹建筑（m²）		商务办公建筑（m²）	
			其他公共建筑（m²）			
		工业用地	工业厂房（m²）		工业仓储（m²）	
			研发建筑（m²）			
		市政设施用地	市政场站用地（m²）			
		绿地	配套建筑（m²）			
	备注：如涉及使用地上空间，其投影面积写在备注中。					

建筑单体指标	类　型						
	序号	申请幢号	建筑名称	建筑层数（地上层/地下层）	建筑使用性质	总建筑面积（m²）	备注
	1						
	2						
	3						
	…						
填表说明							

构筑物工程	序号	名称	高度（m）	基底面积（m²）	埋深（m）	基底尺寸（m）	备注
	1						
	2						
	3						
	…						
填表说明	高度指构筑物高出±0m以上的高度，埋深指构筑物低于±0m以上的深度。						

围墙	序号	名称	高度（m）	长度（m）	备注
	1				
	2				
	3				
	…				
填表说明					

续表

桩基	序号	长度	根数	备注
	1			
	2			
	3			
	...			
填表说明				
其他情况说明				

附表3：上海市建设用地规划许可证（划拨土地）申请表（新办）

上海市建设用地规划许可证
（划拨土地）申请表（新办）

项目编号					预约号		
收件编号		批准文号			用地规划许可证号		
收件日期		核发日期					

申报主体	申报主体名称					申报主体盖章	
	主体标识代码	□组织机构代码					
		□统一社会信用代码					
	申报主体地址						
	法定代表人		法定代表人联系电话				
	联系人姓名		身份证件号码				
	联系人联系地址						
	邮编		联系人手机号码				

建设项目概况	项目名称						
	项目类型	建（构）筑物					
	土地取得方式	划拨土地		办理类别			
	建筑工程性质						
	建设地址	□四至范围	东至	南至	西至	北至	
		□门牌号					
		□图幅号					
	计划情况	是否有计划		□是　□否			
		立项批准机关					
		立项批准类型		□审批制　□核准制　□备案制			
		立项批准文号					
	发改委项目代码	项目代码类型					
		项目代码					
	建设项目规划土地意见书	文号		编（证）号			

建设项目概况	房屋土地权属调查报告书编号：		
	国有土地划拨决定书编号：		
	建设规模	总建筑面积（m²）	
		地上建筑面积（m²）	
		地下建筑面积（m²）	
		计容建筑面积（m²）	
建设用地信息	建设用地面积		
	规划用地性质		
	批准用地机关		
	批准用地文号		
	现状土地使用权属情况		
	现状用地性质		
	新增建设用地面积（m²）		
	交地日期		
	是否涉及新产业新业态	□是　□否	新产业新业态
	主体建筑物性质		
	附属建筑物性质		
	备注		
快递信息	是否快递		
	取件人		
	联系方式		
	收件人省市		
	邮政编码		
	寄件地址		
是否无纸化		□是　□否	

附表 4-1：上海市建设工程规划许可证（房屋建筑工程）申请表（新办）

上海市建设工程规划许可证
（房屋建筑工程）申请表（新办）

项目编号					预约号	
收件编号			发文文号		证号	
收件日期			核发日期			
申报主体	申报主体名称				申报主体盖章	
	主体标识代码	□组织机构代码				
		□统一社会信用代码				
	申报主体地址					
	法定代表人		法定代表人联系电话			
	联系人姓名		身份证件号码			
	联系人联系地址					
	邮编		联系人手机号码			
设计单位	设计单位名称					
	主体标识代码	□组织机构代码				
		□统一社会信用代码				
	设计单位地址					
	法定代表人		法定代表人联系电话			
	联系人		联系人手机号码			
日照分析单位	日照分析单位名称					
	主体标识代码	□组织机构代码				
		□统一社会信用代码				
	日照分析单位地址					
	法定代表人		法定代表人联系电话			
	负责人		负责人手机号码			

建设项目概况	项目名称				
	土地类型				
	办理部门				
	是否跨区	□是　　□否	跨区信息		
	是否是世行测评项目	□是　　　□否			
	是否无纸化	□是　　　□否			
	规划用地性质				
	建设地址	□四至范围	东至	南至	西至	北至
		□门牌号				
		□图幅号				

建设项目概况	计划批准情况	是否有计划	□是　　　□否		
		计划批准机关			
		计划批准类型	□审批制　　□核准制　　□备案制		
		计划批准文号			
		项目代码类型			
		项目代码			

建设项目概况						
	□建设项目规划土地意见书	文号		编（证）号		有效期至	
	□建设用地规划许可证	文号		编（证）号			
	□建设工程设计方案	文号		编（证）号		有效期至	
	□供地批文	文号		编（证）号		有效期至	
	□国有土地划拨决定书	文号		编（证）号			
	□建设用地批准书	文号		编（证）号		有效期至	
	□不动产权证	文号		编（证）号		有效期至	
	□出让合同编号						

申请办理类别	新办		
物流信息	是否快递取件	□是　　　□否	
	取件人		联系方式	
	收件人地址		
	寄件地址		
	邮政编码		

172

上阶段审定指标（读取方案已批数据）	建设用地面积（m²）				
	总建筑面积（m²）		地上建筑面积（m²）		
			地下建筑面积（m²）		
	容积率		计容建筑面积（m²）		
	最高建筑高度（m）				
	绿地率上限		绿地率下限		
	建筑密度上限		建筑密度下限		
	用地分类	地上建筑分类面积			
		居住用地	住宅建筑（m²）	社区及公共服务建筑（m²）	
			基础教育建筑（m²）		
		公共设施用地	行政办公建筑（m²）	商业服务业建筑（m²）	
			文化建筑（m²）	体育建筑（m²）	
			医疗卫生建筑（m²）	教育科研设计建筑（m²）	
			文物古迹建筑（m²）	商务办公建筑（m²）	
			其他公共建筑（m²）		
		工业用地	工业厂房（m²）	工业仓储（m²）	
			研发建筑（m²）		
		市政设施用地	市政场站用地（m²）		
		绿地	配套建筑（m²）		
	备注：如涉及使用地上空间，其投影面积写在备注中。				
本期申请指标	建设基地/用地面积（m²）				
	建筑占地面积（m²）				
	总建筑面积（m²）		地上建筑面积（m²）		
			地下建筑面积（m²）		
	容积率		计容建筑面积（m²）		
	最高建筑物高度（m）				
	用地分类	地上建筑分类面积（m²）			

本期申请指标	居住用地	住宅建筑		社区级公共服务建筑	
		基础教育建筑			
	公共设施用地	行政办公建筑		商业服务业建筑	
		文化建筑		体育建筑	
		医疗卫生建筑		教育科研设计建筑	
		文物古迹建筑		商务办公建筑	
		其他公共建筑			
	工业用地	工业厂房			
		研发建筑			
	市政设施用地	市政场站用地			
	绿地	配套建筑			

地下建筑面积分类表（m²）

本期申请指标	地下层数（层）		
	不计入土地出让范围的地下建筑面积	按照控制性详细规划或者批准的建设工程设计方案要求实施的地下公共通道	
		按规划要求实施的地区服务性的地下市政公用设施	
		小计	
	计入土地出让范围的地下建筑面积	主体功能性建筑	商业
			办公
			工业
			仓储
			研发
			教育
			文化
			医疗
			其他
			单建停车库
		配套设施建筑	设备用房（含住宅套内地下室）
			结建停车库（住宅）
			结建停车库（非住宅）
		小计	
	总计		

	类 型						
建筑单体指标	序号	申请幢号	建筑名称	建筑层数（地上层/地下层）	建筑使用性质	总建筑面积（m²）	备注
	1						
	2						
	3						
	…						
填表说明							

	序号	名称	高度（m）	基底面积（m²）	埋深（m）	基底尺寸（m）	备注
构筑物工程	1						
	2						
	3						
	…						
填表说明	高度指构筑物高出±0m以上的高度，埋深指构筑物低于±0m以上的深度。						

	序号	名称	高度（m）	长度（m）	备注
围墙	1				
	2				
	3				
	…				
填表说明					

	序号	名称	规格（mm）	长度（m）	根数	备注
桩基	1					
	2					
	3					
	…					
其他情况说明						

上海市建设工程规划许可证申请材料目录

[建（构）筑物工程 新办、变更]

序号	提交资料名称	来源渠道	原件/复印件	数量	纸质/电子报件	要 求
1	《上海市建设工程规划许可证申请表（新建、变更）》（线性工程）	申请人自备	原件	1	电子	按规定填写完整，网上填报后，打印出纸质版，申请单位盖章
2	用地批准书	内部数据读取	原件	1	电子	
3	用地预审意见、建设用地协议和相关区承诺书	用地预审意见可内部数据读取	原件	1	电子	单独申请建设工程规划许可证时，对先期完成土地储备、采用划拨供地方式的公共服务项目的基础建设和应急工程，凭用地预审意见+用地协议+相关区承诺书，可提前核发建设工程规划许可证
4	供地批文和相关区承诺书	供地批文可内部数据读取	原件	1	电子	单独申请建设工程规划许可证时，对公路、航道等改扩建项目，凭供地批文+相关区承诺书，可提前核发建设工程规划许可证
5	国有土地划拨决定书和承诺书	国有土地划拨决定书可内部数据读取	原件	1	电子	单独申请建设工程规划许可证时，对有特殊工期要求的科创中心建设、社会民生、生态文明建设和城市基础设施项目，凭划拨决定书+相关区承诺书，可提前核发建设工程规划许可证
6	拟建项目因穿越城市道路、公路、铁路、地下铁道、民防设施、河道、绿（林）地，或者涉及消防安全、净空控制、树（林）木保护等特殊性需要提交的相关材料	可借助行政协助系统征询	原件	1	电子	
7	建设项目承诺书	申请人自备	原件	1	电子	按规定填写完整，网上填报后，打印出纸质版，申请单位盖章
8	1/500 或 1/1000 施工总平面图	申请人自备	原件	1	电子	总平面图上应标明以下内容并盖章：建设基地用地界限；周边地形；各项规划控制线；拟建建筑位置（包括地下和地上建筑）、建筑物角点轴线标号；基地内外的建筑间距、建筑退界距离、后退建筑控制线距离、建筑物层数、绿化、车位、道路交通等；图纸应符合国家和本市施工图出图标准，并加盖建筑设计单位"工程施工图设计出图"专用章和设计负责人、注册建筑师印章、施工图审查公司审核章；总平面图需在有市测绘院提供的电子地形图上划示，标注单位为m，坐标系为上海城市坐标系

序号	提交资料名称	来源渠道	原件/复印件	数量	纸质/电子报件	要　　求
9	施工图（平、纵、横或平、立、剖面图和图纸目录）	申请人自备	原件	1	电子	图纸须符合国家和本市施工图出图标准，并加盖设计单位"工程施工图设计出图"专用章和设计负责人、注册建筑师印章
10	构筑物汇总表	申请人自备	原件	1	电子	须加盖设计单位图章
11	基础施工平面图、基础详图及桩位平面布置图	申请人自备	原件	1	电子	图纸须加盖设计单位"工程施工图设计出图"专用章和设计负责人、注册结构工程师印章
12	建设项目计划批准文件	电子证照库	原件	1	电子	
13	《建设工程设计方案批复》及附总平面图	内部数据读取	原件	1	电子	
14	《地质灾害危险性评估报告专家审查意见》或《建设项目地质灾害防治承诺书》	申请人自备	原件	1	电子	
15	变更情况说明	申请人自备	原件	1	电子	申请变更时，在申请表中予以说明

附表 4-2：上海市建设工程规划许可证（管线工程）申请表（新办）

上海市建设工程规划许可证
（管线工程）申请表（新办）

申报主体	申报主体名称			申报主体盖章
	统一社会信用代码			
	申报主体地址			
	法定代表人		法定代表人联系电话	
	联系人		联系人手机号	
设计单位	设计单位名称			
	统一社会信用代码			
	设计单位地址			
	法定代表人		法定代表联系电话	
	负责人		负责人手机号	
跟测单位	单位名称			
	统一社会信用代码			
	是否采用政府购买服务		跟测合同编号	
	单位地址			
	法定代表人		法定代表人联系电话	
	联系人		联系人手机号	

建设项目概况	项目名称		
	规划依据		
	规划名称		
	批准文号		
	项目类型		
	管线类型		
	是否采用告知承诺制审批		
	被核准单位与建设单位关系		
	建设地址		
	计划情况	是否有计划	
		立项批准机关	
		立项批准类型	
		立项批准文号	
	项目代码		
	建设长度（m）		
	建设规模		
	备注		

建设单位承诺书

上海市规划和自然资源局：

本单位已知晓你机关告知的全部内容，现郑重做出如下承诺：

1.本单位保证申请 项目名称 建设项目工程规划许可证（新办）时提供的资料和数据是真实、完整、准确的；

2.本单位保证提供的 项目名称 文字资料和图纸资料的一致性；

3.本项目不属于保密项目；上传信息系统的材料不涉及保密材料；

4.本单位如被认定存在违反承诺事项的违规失信行为，你机关将在诚信信息库中记录本单位和上级单位（或控股公司）不良诚信记录，在规划和自然资源网站上发布，通报全市规划和自然资源管理部门，同时通报相关行业资质管理部门和上海市征信管理办公室，产生的本单位和上级单位（或控股公司）及项目负责人信用信息录入"上海市公共信用信息服务平台""上海市法人信息共享与应用系统"和"上海市企业和个人信用信息基础数据库"等相关信用信息系统。

5.本单位被认定存在违反承诺事项的严重违规失信行为，本单位和上级单位（或控股公司）将在一年内暂缓申请本市国有土地使用权招标拍卖挂牌出让和申请办理本市建设项目规划土地手续。

本单位被认定存在违反承诺事项的一般违规失信行为，本单位和上级单位（或控股公司）将在一年内暂缓申请办理本市建设项目规划土地手续。

本单位违反上述承诺提出申请的，行政机关有权不予受理。

6.竣工规划验收时，实测建筑面积等承诺内容若超过规划和自然资源管理部门核准的，本单位接受按照城乡规划法律法规规定给予的处罚以及按照承诺应当承担的法律责任。

7.本单位已知晓违反承诺的后果，并愿意承担一切法律责任。

上述承诺为本单位真实意思的表示，并由本单位承担法律后果。

承诺单位（名称）：申报主体名称

建设单位：　　（章）	上级单位（或控股公司）：　　（章）
日　　期：	日　　期：
项目负责人：　　（章）	联系电话：
日　　期：	

注意事项：

网上申报，需对本承诺书进行电子签章，并上传至申报材料列表后提交。如无电子签章，可下载并加盖实体章后至窗口申报，本承诺书一式二份，一份由建设单位保管，一份在盖章后提交至规划资源部门政务服务受理窗口。

附表4-3：上海市建设工程规划许可证（线性工程）申请表（新办）

上海市建设工程规划许可证
（线性工程）申请表（新办）

项目编号						预约号	
收件	编号		通知文号		建设工程规划许可证证号		
	日期		核发日期				
申报主体	申报主体名称					申报主体盖章	
	主体标识代码	□组织机构代码					
		□统一社会信用代码					
	申报主体地址						
	法定代表人		法定代表人联系人手机号				
	联系人姓名		身份证件号码				
	联系人联系地址						
	邮编		联系人手机号				
设计单位	设计单位名称					设计单位盖章	
	主体标识代码	□组织机构代码					
		□统一社会信用代码					
	设计单位地址						
	法定代表人		法定代表人联系电话				
	联系人		联系人手机号				
建设项目概况	项目名称						
	建设地址						
	计划情况	是否有计划		是/否			
		计划批准机关					
		计划批准类型		□审批制 □核准制 □备案制			
		计划批准文号					
		项目代码					

	用地批准情况	用地批准文号				
建设项目概况	规划用地性质	（按《控详技术准则》中的用地分类）				
	□建设项目规划条件	文号		编（证）号		有效期至	
	□建设项目选址意见书	文号		编（证）号		有效期至	
	□建设用地规划许可证	文号		编（证）号		有效期至	
	□建设工程设计方案	文号		编（证）号		有效期至	
	□供地批文	文号		编（证）号		有效期至	
	□国有土地划拨决定书	文号		编（证）号		有效期至	
	□建设用地批准书	文号		编（证）号		有效期至	
	□房地产权证	文号		编（证）号		有效期至	
原建设工程规划许可证核发文号			原建设工程规划许可证证号			

	建设规模	可填文字
总体技术经济指标	用地分类	地上设施分类面积（m²）
	对外交通用地	
	道路广场用地	
	市政公用设施用地	
	公共绿地	
	水域	
	其他用地	
本期建设技术经济指标	建设规模	可填文字
	用地分类	地上设施分类面积（m²）
	对外交通用地	
	道路广场用地	
	市政公用设施用地	
	公共绿地	
	水域	
	其他用地	

182

	类 型						
线性工程	序号	名称	长度（m）	宽度（m）	横断面布置	梁底标高	备注
	1						
	2						
	3						
	…						
构筑物工程	序号	名称	高度（m）	基底面积（m²）	埋深（m）	基底尺寸（m）	备注
	1						
	2						
	3						
	…						
填表说明	高度指构筑物高出±0m以上的高度，埋深指构筑物低于±0m以上的深度。						
桩基	序号	名称	规格（mm）	长度（m）	根数		备注
	1						
	2						
	3						
	…						

附表5：上海市建筑工程施工许可申请表

网上申请编号：

上海市建筑工程施工许可申请表

报建编号：

建设单位名称：		建设单位性质：	
建设单位地址：			
工程名称：			
建设地址：			
建设工程规模：		房屋建筑面积（m²）：	
合同价格（万元）：		合同工期（日历天）：	
法定代表人：		建设单位联系电话：	
建设单位联系人		联系人手机号：	
建设用地批准书 或房地产产权证编号：		建设工程规划 许可证编号：	
建设单位名称	项目负责人	证件号	手机号
勘察单位名称	项目负责人	证件号	手机号
设计单位名称	项目负责人	证件号	手机号
施工单位名称	项目负责人	证件号	手机号
监理单位名称	项目负责人	证件号	手机号
本次申请施工许可工程的现场开工情况：未开工/已开工			
本单位对上述填表内容及提供的材料真实性负责。 法定代表人（签名或盖章）： 建设单位（公章）： 年 月 日 年 月 日			
审查意见： 审核意见： 审定意见： 经办人： 审核人： 审定人： 日期： 日期： 日期：			

单位工程明细表		
单位工程名称	工程类型	工程内容

附表6：上海市开工放样复验（房屋建筑工程）申请表（新办）

上海市开工放样复验（房屋建筑工程）申请表（新办）

			预约号	
项目编号				

申报主体

申报主体名称				申报主体盖章
主体标识代码	□统一社会信用代码			
	□组织机构代码			
申请主体地址				
法定代表人		法定代表人手机号		
联系人		联系人手机号		

建设项目基本信息

建设项目名称					
建设地址					
测绘单位名称					
物流信息	是否快递获取文书				
	收件人名称		收件人联系电话		
	收件省市区		邮政编码		
	详细地址				
建设用地性质		建设工程规划许可证编号			
发改委代码类型		发改委项目代码			
核发单位		核发日期			
是否跨区	□是　　　□否	跨区信息			
土地供应方式		地质资料汇交情况			
地名批准文件编号		地质资料汇交凭证编号			
测绘报告编号					

建设工程规划信息

工程规划许可证:

一、退界间距情况

序号	工程核定（m）	测量结果（m）	差值（m）

二、建筑物

序号	栋号	建筑名称	建筑性质	层数		建筑高度（m）	计容建筑面积（m²）	建筑面积（m²）		建筑基底面积（m²）	
				（地上）	（地下）			地上	地下	许可值	实测值
1											
2											
3											

三、构筑物

序号	名称	高度（m）	基底面积（m²）		埋深（m）
			许可值	实测值	
1					
2					
3					

四、围墙

序号	高度（m）	长度（m）		备注
		许可值	实测值	
1				
2				

五、桩基

序号	长度	根数	备注
1			
2			

附表 7：上海市开工放样复验（管线工程）申请表（新办）

上海市开工放样复验（管线工程）
申请表（新办）

项目编号：2019×××××　　　　　　　　　　　预约号：2019×××××

申报主体			
申报主体名称	某某单位		申报主体盖章
主体标识代码	统一社会信用代码	×00100299777629	
申请主体地址			
法定代表人		法定代表人手机号	
联系人		联系人手机号	

※建设项目基本信息			
建设项目名称			
建设地址			
建设用地性质		建设工程规划许可证编号	
核发单位		核发日期	
土地供应方式	划拨用地（注：该类型主要分为划拨、出让、自有、租赁，类型不同对应右边字段不一样，请开发时注意）	划拨决定书编号	
建设基地面积		地上建筑面积	
地下建筑面积		计容面积	
总建筑面积		地质资料汇交情况	
地质资料汇交凭证编号		地名批准文件编号	××××××
批准地名			

※ 建设工程规划信息

一、退界间距情况

序号	工程核定（m）	测量结果（m）	差值（m）

二、建筑物

建筑物名称	栋号	使用性质	层数		高度（m）	建筑面积（m²）		建筑基底面积（m²）	
			地上	地下		地上	地下	许可值	实测值

三、构筑物

名称	高度（m）	基底面积（m²）		埋深（m）
		许可值	实测值	

四、围墙

高度（m）	长度（m）		备注
	许可值	实测值	

五、桩基

长度	根数	备注

告知事项
一、建设项目应在《建设工程规划许可证》有效期内申请开工。土地出让合同对开工时间另有约定的，重约定。 　　二、《建设工程规划许可证》已失效的，开工放样申请不予受理。建设单位（个人）应重新申请《建设工程规划许可证》。 　　三、建设工程现场放样后，建设单位（个人）应向规划资源部门申请复验，并报告开工日期、计划竣工日期。规划资源部门受理申请后在 5 个工作日内复验完毕。 　　四、提交材料： 　　1.《上海市建设工程开工放样复验申请表》（建筑工程）； 　　2.《上海市建设工程开工放样复验检测成果报告书》； 　　3. 基地现场全景照片； 　　4. 施工现场规划许可公告牌照片。 　　五、建设工程经复验无误后，方可开工。未申请复验而擅自开工建设的、复验不合格擅自开工建设的、或者未按放样复验要求施工并造成后果的，由规划资源部门进行处罚。 　　　　　　　　　　　　告知单位：上海市规划和自然资源局或相应区局及派出机构
申请单位承诺书
一、本单位（个人）已知悉告知事项。 　　二、本申请表及附送材料的内容真实、有效。 　　三、本单位（个人）将遵守《中华人民共和国城乡规划法》《上海市城乡规划条例》等法律法规的规定，按照你局核发的《建设工程规划许可证》及附图的要求进行建设，并接受你局监督。 　　四、如本单位（个人）隐瞒有关建设情况、提供虚假材料、或不履行法律法规规定的其他义务，将自愿承担相应的法律责任。 　　　　　　　　　　　　申请单位签名（章）：×××××× 　　　　　　　　　　　　　　　　　　　年　月　日

附表 8：上海市交通行政许可申请书轨道交通安全保护区作业审批

上海市交通行政许可申请书
轨道交通安全保护区作业审批

单 位 名 称					
注 册 地 址				邮政编码	
经营或者办公地址				邮政编码	
法定代表人		办公电话		联系手机	
项目负责人		办公电话		联系手机	
联系人		办公电话		联系手机	
文书送达地址				邮政编码	
申请项目名称					

申 请 情 况 说 明（用途、规模等）

可选：

□建筑类：

1. 建筑物：地上　　　层，高　　　m，地下　　　　层。

2. 基坑：开挖面积　　　m²，开挖深度　　　　　　m。

3. 相对关系：基坑围护距地铁最近　　　　　m，塔楼距地铁最近　　　　　m。

□管线类：

1. 管线：埋深　　　m，管径　　　　　mm。

2. 相对关系：上、下　穿，净距离　　　　　　m，投影长度　　　　　m。

3. 地质条件：穿越　　　　层土。计划穿越工期：

□其他类：

□需要说明的情况：

续表

作 业 项 目 工 程 概 况		
作业项目位置	东至　　　路； 西至　　　路； 北至　　　路； 南至　　　路；	
与轨道交通（磁浮）关系	□地铁_____号线_____车站或位于_____站至_____ 　站区间 □磁浮 □相邻　　□穿越　　□结合、连通	
拟开、竣工日期	开工： 竣工：	

（单位盖章）

年　　　月　　　日

注：申请人（单位）应当如实填写上述表格，如实提交有关材料和反映情况，并对申请材料实质内容的真实性负责。

附表 9：上海市路政管理行政许可申请表

上海市路政管理行政
许可申请表

申请人	名称			单位组织机构代码		
	地址				邮编	
	法定代表人/主要负责人				电话	
	联系人				电话	
	委托代理人				电话	
	文书送达地址				邮编	
申请内容	事项					
	期限	年___月__日至 _____年___月___日				
	范围及位置					
	道路名称及路段					
	补充说明					

本项目的施工单位为：_____。
联系人：_____ 电话：_____。
本单位承诺本表所填内容及提交的申请材料真实，如有虚假，愿承担由此造成的法律后果。

申请人签名并加盖公章：

申请日期： 年 月 日

附表 10：河道管理范围内建设项目工程建设方案审批申请表

河道管理范围内建设项目工程建设方案审批申请表

编号：

申请人（盖章） （建设单位）				法定代表人	
地　　址				邮　　编	
联系人		联系 方式	电话： 手机：	传真： 电子信箱：	
防汛责任联系人		联系 方式	电话： 手机：	传真： 电子信箱：	
项目名称					
项目地址					
项目范围及 所涉及的河道					
占用防汛墙岸段长 度、面积及工程内容					
设计单位					
申请内容（可另附页）： 					

附表 11-1：对占用已建成绿地行政许可申请表

对占用已建成绿地行政许可申请表

个人申请	姓 名		性 别		电 话	
	文书送达地址				邮 编	
单位申请	名 称					
	地 址				邮 编	
	法定代表人（负责人）			职 务		
	联系人			电 话		
	文书送达地址				邮 编	
申请事项所在地名称及地址						

申请材料（可附页）	序 号	名 称	份数	原/复印件	备 注
	1				
	2				
	3				

申请理由	

公开类别	□ 公开	
	□ 不公开	属于国家秘密 □ 属于商业秘密 □ 属于个人隐私 □ 属于其他不予公开的情形：_____
	注： 1. 不选视为同意公开。 2. 根据《中华人民共和国政府信息公开条例》《上海市政府信息公开规定》，由受理机关最终确定公开类别。	

承诺	我（单位）知晓申请该项许可应当具备的条件及提交虚假材料应当承担的法律责任，以上提交的申请材料和填写内容真实。 申请人：（签名/盖章） 年___月___日

受理编号		受理时间		受理人	

195

附表 11-2：苗木清单

苗木清单

苗木品种	规格	数量	备注

附表 11-3：树木、绿地权属人意见表

树木、绿地权属人意见表

申请单位（个人）		联系人		联系电话	
申请变动地点			变动原因		
申请变动绿地面积（m²）	占用绿地面积（m²）		临时使用绿地面积（m²）		
申请变动行道树（树种、规格、数量）					

权属人意见（包括绿地补偿意见）：

树木、绿地权属单位（章）

填写日期　　　年　　月　　日

附表 12-1：上海市建设工程竣工验收备案表

版本号：

上海市建设工程竣工验收备案表

项目信息编号：

建设单位		统一信用/组织机构代码证	
建设单位地 址			
项目名称			
建设地点		所在区	
联系人		联系电话	
项目本次涉及验收内容	□质量　□规划　□消防 □卫生　□交警　□民防　□绿化市容　□交通　□气象　□城建档案		
备案内容	见建设工程竣工验收备案单位工程明细表		

我单位承诺
　　1.本申请表及附送材料的内容真实、有效、确保竣工图与测绘报告一致。
　　2.本单位将遵守相关法律法规的规定，按照管理部门核发的审批意见和审批证书及附图的要求进行建设，并接受管理部门监督。
　　如因本单位隐瞒有关建设情况、提供续虚假材料、不履行以上承诺或法律法规规定的其他义务，由本单位承担相应的法律责任。

　　　　　法定代表人（签字或盖章）：　　　　　　　建设单位（公章）：

　　　　　　　　　　　　　　　　　　　　　　　　　　　　年　月　日

受理意见： 　　　　受理人： 　　　　日期：	复核意见： 　　　　复核人： 　　　　日期：

附表 12-2：建设工程竣工验收备案单位工程明细表

建设工程竣工验收备案单位工程明细表

项目信息编号：

单位工程编码	单位工程名称	工程类型	工程规模	全装修信息
单位工程合计：　　　　　个				